Geschiebestudien.

Beiträge
zur Kenntniss der Bewegungsrichtungen des diluvialen Inlandeises.

Von Dr. **Johannes Petersen.**

Zweiter Theil.

Mit zwei Originalkarten.

Separatabdruck aus den Mittheilungen der Geographischen Gesellschaft in Hamburg, Bd. XVI.

HAMBURG:
L. Friederichsen & Co.
(Inhaber: Dr. L. Friederichsen).
1900.

Separatabdruck aus den Mittheilungen der Geographischen Gesellschaft in Hamburg, Bd. XVI, 1900.

Geschiebestudien

Beiträge zur Kenntniss der Bewegungsrichtungen des diluvialen Inlandeises.

Von Dr. **Johannes Petersen.**

Zweiter Theil: *)

Ergänzungen zum ersten Theil.
Gabbro und Hyperit.
Eruptivgesteine des Christianiagebiets.
Gesteine aus dem Rapakiwigebiet.
Ostseequarzporphyre.
Dalarneporphyre.
Granitporphyre und Hälleflinten aus Småland.

Die Bewegungsrichtungen des diluvialen Inlandeises.

*) Der erste Theil ist im XV. Bande dieser Mittheilungen (1899) erschienen.

In dem vorliegenden zweiten Theil der Geschiebestudien sind neben dem Besitz des Naturhistorischen Museums in Hamburg noch Geschiebe aus den Sammlungen der mineralogischen Institute der Universitäten Kiel und Königsberg (die von Herrn Dr. A. Seeck bearbeiteten granitischen Geschiebe Preussens) untersucht worden. Auch ein grosser Theil des von Herrn Dr. O. Zeise in Schleswig-Holstein gesammelten Materials, namentlich Geschiebe aus den baltischen Rapakiwigebieten umfassend, konnte berücksichtigt werden. Herrn Professor Dr. A. Wichmann verdanke ich einige Stücke aus dem niederländischen Diluvium.

An Vergleichsmaterial standen mir zu Gebote Gesteine aus Schweden, Finland und den Ålandsinseln aus der Königsberger Sammlung, Gesteine von Dalarne, Småland, Åland, Rödön, Angermannland, Finland aus der Greifswalder Sammlung, zahlreiche Bornholmer und einzelne schwedische Gesteine aus der Kieler Sammlung. Für die mir durch die Ueberlassung des Materials bewiesene Freundlichkeit bin ich neben den oben genannten Herren den Herren Professor Dr. O. Mügge, Dr. J. Lehmann, Dr. E. Cohen zu lebhaftestem Danke verpflichtet, dem ich auch hier Ausdruck gebe. Namentlich Herr Professor Cohen hat mich in liebenswürdigster Weise unterstützt. Herren Professor Dr. Törnebohm und Dr. Brögger danke ich auch hier herzlich für einige Bestimmungen, zu denen mein Vergleichsmaterial nicht ausreichte.

Um die Gesteine des Christianiaeruptivgebiets kennen zu lernen und zu sammeln, habe ich dasselbe im vorigen Sommer selbst bereist.

Zu der ungleichen Behandlung, die die einzelnen Gruppen erfahren haben, bemerke ich Folgendes: Für die Basalte, im ersten Theil dieser Studien, erschien mir eine ausführliche Beschreibung angezeigt, weil es mir von Interesse schien, festzustellen, wie weit die Uebereinstimmung unserer Geschiebe mit den anstehenden Vorkommnissen auch in Einzelheiten geht. Es schien das ausführbar, weil es sich bei den Basalten um ein wohlbekanntes, ziemlich abgeschlossenes

Gebiet handelte. Bei den jetzt zu besprechenden Geschieben habe ich mich in allen denjenigen Fällen, wo bereits eingehendere Beschreibungen vorliegen, namentlich in den Arbeiten von E. Cohen und W. Deecke, auf eine Ergänzung der dort gegebenen Mittheilungen, auch Fortführung der dort gegebenen Litteraturangaben bis auf die Gegenwart beschränkt. Erweiterte Darstellungen erfolgen nur dort, wo eine nähere Begründung der Bestimmung nothwendig erschien, oder wo es sich von Geschiebe handelt, die bisher noch nicht eingehend behandelt waren.

Die Fundorte der Geschiebe sind, soweit sie von E. Cohen und W. Deecke angeführt sind, nicht wiederholt, so dass sich eine Gesammtübersicht über die Verbreitung nur aus den Arbeiten der genannten beiden Herren neben meinen Studien ergiebt.

I. Ergänzungen zum ersten Theil der Geschiebestudien.

Basalt.

F. Wiegers [1]) erwähnt das Vorkommen von Basalten in der Umgegend von Lüneburg, ohne Einzelbeschreibungen zu liefern.

Von den an grossen Augit- und Olivineinsprenglingen reichen Nephelinbasalten, die sich annähernd an das Vorkommen von Bosjökloster anschliessen, sind zwei weitere Geschiebe, von Krakow in Mecklenburg und Brothener Ufer bei Travemünde bestimmt worden.

Bereits im ersten Theil dieser Geschiebestudien wurde die merkwürdige Verbreitung dieser Geschiebe hervorgehoben, namentlich auch die auffällige Erscheinung, dass sie in dem an Basalten so reichen Herzogthum Oldenburg fehlen, erwähnt. Je grösser die Anzahl der Funde aus dem Osten wird, desto wahrscheinlicher erscheint es, dass als Heimath dieser Basaltgeschiebe ein Erguss im Ostseebecken anzusehen ist. Wollen wir versuchen, die muthmassliche Heimath näher zu bestimmen, so würde die Annahme, dass sie etwa westlich von Bornholm und südlich von Schonen liege, der Verbreitung dieser Basalte gerecht werden. Wir müssen die Heimath in der Nähe Bornholms suchen, da auch von Bornholm nach den Angaben J. Martins kein Material nach Oldenburg gelangt zu sein scheint.

---

[1]) Dr. Fritz Wiegers. Zur Kenntniss des Diluviums in der Umgegend von Lüneburg. Zeitschrift für Naturwissenschaften. 72. Bd. Stuttgart 1899.

Seit dem Abschluss meiner Untersuchungen über Basaltgeschiebe sind mir wieder solche in grösserer Zahl zu Gesicht gekommen, so von Sylt, so auch aus Hamburgs Umgegend. Basalte sind eben bei uns ganz gewöhnliche Geschiebe.

Cancrinit-Aegirinsyenit.

Zu den Litteraturangaben ist nachzutragen, dass *F. Wiegers* [1]) einen Cancrinit-Aegirinsyenit von Schulau beschreibt, dessen Herkunft aus Dalarne ziemlich unzweifelhaft festgestellt wurde. Zwei andere Geschiebe von Vastorf sind nicht absolut sicher auf diese Heimath zurückführbar.

Zu den bisher, im ersten Theil dieser Geschiebestudien, besprochenen Geschieben dieses Gesteins kommen zwei weitere inzwischen von mir untersuchte hinzu.

Das eine, von Schulau stammend, ist ein echter Cancrinit-Aegirinsyenit, ähnlich einigen der übrigen dort gefundenen Geschiebe.

Das andere, in der Kieler Sammlung befindliche Stück, stellt einen für unser Gebiet bisher neuen Typus dar, der indessen nach den Angaben A. E. Törnebohms im Elfdal bereits angetroffen wurde.

Das Stück erscheint makroskopisch graugrün, aus der Grundmasse treten zahlreiche wohlbegrenzte dunkle Glimmerblättchen und schwarze Augitnadeln auffallend hervor. Hin und wieder erscheinen kleine Feldspathnadeln, auch Calcit ist erkennbar. Die Oberfläche des Geschiebes erscheint durch Herauslösung des Calcits stark löcherig. Unter dem Mikroskop erscheint als häufigster Einsprengling der hellbraune Glimmer, der meistens scharf begrenzt ist und starken Pleochroismus zeigt. Oft ist er von Aegirin umrandet. Dieses letztere Mineral tritt reichlich in Form langer Säulen auf. Schliesslich sind Cancrinit und Plagioklas in Gestalt langer Säulen eingesprengt. Die Grundmasse zeigt eine ausgeprägte Trachytstruktur, besteht aus Feldspath- und Cancrinitleisten, die von einem dichten Filz von grünen Aegirinhaaren durchwoben sind. Titanit ist selten, Erz in grossen lappigen Parthien ist spärlich vorhanden. Grosse Mandelräume von unregelmässiger Gestalt erscheinen mit einheitlichen Calcitindividuen erfüllt, die oft von Aegirinsäulchen und Apatitkryställchen umgeben sind.

[1]) Dr. Fritz Wiegers. Zur Kenntniss des Diluviums in der Umgegend von Lüneburg. Zeitschrift für Naturwissenschaften. 72. Bd. Stuttgart 1899.

Diabas-Gesteine.

Basaltähnlicher Ostseediabas. Vor Kurzem erhielt ich durch die Freundlichkeit des Herrn Prof. Cohen in Greifswald ein Stück Diabas, das H. Hedström [1]) in der Moräne von Visby auf Gotland fand, und dessen Anstehendes wahrscheinlich im Ostseebecken nördlich Gotland zu suchen ist. Ich konnte feststellen, dass die drei Diabasgeschiebe von Dahme, Schulau und Wittenbergen, die in dem ersten Theil dieser Geschiebestudien auf pag. 128 der »Mittheilungen«, 62 des Separatabdruckes unter g beschrieben sind, sicher diesem Ostseediabas zuzurechnen sind. Makroskopisch sind sie ganz identisch. Im Dünnschliff erscheinen die Geschiebe nicht ganz so frisch wie das Vergleichsstück, doch ist an der Identität nicht zu zweifeln. Die stark lichtbrechenden Körnchen, die neben den Magnetitskeletten in der Grundmasse der Geschiebe auftreten, sind anscheinend Zersetzungsprodukte.

Diabasporphyrite vom Oejetypus, mit grossen Feldspatheinsprenglingen, wurden noch aus der Umgegend von Kiel, vom Brothener Ufer und aus der Umgegend von Hamburg in mehreren Exemplaren bestimmt.

Schliesslich sei noch mitgetheilt, dass Herrn Prof. Deecke bei einer Durchsicht unserer Sammlung einzelne besonders grobkörnige Åsbydiabase auffielen, die höchst wahrscheinlich auf Dalarne, wo diese grobkörnige Varietät z. B. bei Åsen ansteht, zu beziehen sind.

---

2. Gabbro und Hyperit.

Litteratur über das Anstehende (Auswahl).

Neben den einzelnen Angaben der Beschreibungen zu Kartenblättern der schwedischen Landesaufnahme behandeln die Gabbro- und Hyperitgesteine die nachstehenden umfassenderen Arbeiten, die auch ein Bild von der Verbreitung dieser Gesteine in Skandinavien geben:

Th. Kjerulf. Udsigt over det sydlige Norges Geologi. Christiania 1879. (Uebersetzung von Ad. Gurlt. Bonn 1880).

H. O. Lang. Ein Beitrag zur Kenntniss norwegischer Gabbros. Zeitschr. d. dtsch. geolog. Gesellschaft XXXI. Berlin 1879.

---

[1]) H. Hedström. Studier öfver bergarter från morän vid Visby. Sver. geol. undersökning. Ser. C. N. 139 Stockholm 1894, pag. 19. Auch in Geol. fören. förhandl. XVI. 1894, pag. 265.

H. Sjögren. Om de norske apatitförekomsterna. Geol. fören. i Stockholm förhandl. VI. 1883.

A. E. Törnebohm. Om Sveriges vigtigare Diabas- og Gabbroarter. Kgl. svenska vetensk. akad. handl. XIV. Stockholm 1877.

— — Beskrifning till geologisk öfversigtskarta öfver mellersta Sveriges bergslag. Stockholm 1880 ff.

— — Beskrifning till geologisk öfversigtskarta öfver Vermlands län. Stockholm 1881.

E. Svedmark. Gabbron på Rådmannsön och angränsende trakter. Geolog. fören. i Stockholms förhandl. VII. 1885.

F. Eichstädt. Pyroxen- och amfibol föranda bergarter från mellersta och östra Småland. Bihang till Kgl. sv. vetensk. akad. handl. VI. Stockholm 1887.

Danach sind Gabbros in den Gebieten, die uns Geschiebe geliefert haben können, ungemein verbreitet. Den Beschreibungen zufolge kehren sie an verschiedenen Stellen in gleichen Ausbildungsformen wieder, so dass sie als Leitgeschiebe im Allgemeinen nicht verwerthbar sind. Eine Ausnahme scheinen nur Vorkommnisse von Rådmannsö und Roslagen zu machen.

Auch die Erscheinung, dass Gabbros an den Grenzen gegen die einschliessenden Gesteine in hornblendereiche Gabbrodiorite und schliesslich reine Hornblendegesteine übergehen, wiederholt sich vielerorts, so dass auch die Gabbrodiorite zur Bestimmung von Transportrichtungen nicht verwerthbar sind.

Die Hyperite und die geologisch mit ihnen eng verknüpften Hyperitdiorite beschränken sich zwar nicht auf ein eng begrenztes Heimathsgebiet, aber doch auf den Westen des mittleren und südlichen Schwedens und kann ihr Vorkommen wenigstens einen annähernden Aufschluss über die Bewegungsrichtungen geben.

Die in den Arbeiten [1]) über Gabbro- und Hyperitgeschiebe enthaltenen Bemerkungen sind meist so unbestimmt gehalten, dass sich

[1]) Th. Liebisch. Die in Form von Diluvialgeschieben in Schlesien vorkommenden massigen Gesteine. Breslau 1874.

H. O Lang. Erratische Gesteine aus dem Herzogthum Bremen. Göttingen 1879.

J. Heinemann. Die krystallinischen Geschiebe Schleswig-Holsteins. Kiel 1880.

E. Geinitz. Die Geschiebe krystallinischer Massengesteine im mecklenburgischen Diluvium. IV. Beitrag zur Geologie Mecklenburgs. Archiv des Vereins der Freunde der Naturgesch. Mecklenburgs XXXIV. 1882.

— — Die skandinavischen Plagioklasgesteine im mecklenburgischen Diluvium. Nova acta der Leop. Akademie. XXXV. Halle 1882.

zur Feststellung von Transportrichtungen — wie übrigens auch kaum anders zu erwarten ist — nicht viel davon verwerthen lässt.

Nach *M. Neef,* [1]) dessen Geschiebe allerdings wie es scheint zum Theil nur nach Beschreibungen bestimmt wurden, kommt Hyperit aus Vermland in der Mark und bei Leipzig vor. Gabbrogesteine der Mark werden von Törnebohm mit Vorkommnissen Westmannlands und Smålands verglichen.

Nach *F. Klockmann* [2]) sind Hyperite aus dem südwestlichen Schweden in der Mark nicht häufig, aber allgemein verbreitet. Ein Geschiebe von Schulau wird bestimmt auf die Hyperitzone des westlichen Schweden bezogen, vielleicht auf Vermland zu beziehen sind nach Ansicht des Autors Geschiebe von Rostock und Wellen (von H. O. Lang beschrieben). Gabbrodiorite der Mark sollen vielleicht in der Mehrzahl von Rådmannsö stammen.

J. Martin [3]) fand in Oldenburg drei Hyperite, die vielleicht auf Vermland bezogen werden könnten, doch ist die Herkunft von dort nicht sicher; sie können auch von Schonen oder anderen Gegenden stammen.

E. Cohen und *W. Deecke* [4]) vermuthen für einen grossen Theil der von ihnen untersuchten Gabbrodiorite Pommerns die Heimath in Småland.

Olivingabbros, die nichts Bemerkenswerthes bieten, sind mehrfach angetroffen worden z. B. in Schulau, Bahrenfeld, Brothener Ufer.

Gabbrodiorite scheinen unter unseren Geschieben häufiger zu sein als eigentliche Gabbros. Ich untersuchte Stücke von Schulau, Eimsbüttel, Hamburg, Bahrenfeld, Lauenburg, Lüneburg, Kekenis auf Alsen. Die Beobachtung, dass Gabbrodiorite vor den Gabbros im engeren Sinne unter den Geschieben vorzuherrschen scheinen, machte auch F. Klockmann bei seinen Untersuchungen märkischer Geschiebe.

[1]) M. Neef. Ueber seltnere krystallinische Diluvialgeschiebe der Mark. Zeitschr. der deutschen geolog. Gesellsch. XXXII. Berlin 1882.

[2]) F. Klockmann. Die Diluvialgeschiebe in G. Berendt und W. Dames: Geognostische Beschreibung der Umgebung von Berlin. Jahrbuch der Köngl. preuss. geolog. Landesanstalt. Berlin 1885.

— — Charakteristische Diabas- und Gabbrotypen unter den norddeutschen Diluvialgeschieben. Ibid. 1886.

[3]) J. Martin. Diluvialstudien II. X. Jahresbericht des naturw. Vereins Osnabrück für 1893/94. 1895.

[4]) E. Cohen und W. Deecke. Ueber Geschiebe aus Neuvorpommern und Rügen. Erste Fortsetzung. 1896.

Mehrere Gabbros wurden den Herren Brögger und Törnebohm vorgelegt. Von zwei Stücken theilt Herr Prof. Brögger mit, dass sie vielleicht aus Norwegen, aber ebensowohl aus Schweden stammen können, von mehreren anderen vermochte Herr Prof. Törnebohm nur mitzutheilen, dass sie in Schweden verbreitet sind.

Identisch mit Stücken aus dem Vorkommen von Rådmannsö ist nach einer freundlichen Mittheilung des Herrn Prof. Törnebohm, dem ich Probestück und Schliff übersandte, ein Geschiebe, ein Gabbrodiorit von Schulau.

Wahrscheinlich von Rådmannsö oder einem der Gabbromassive der Umgegend stammen nach der Mittheilung des Herrn Törnebohm zwei Geschiebe vom Zeltberg bei Lüneburg, das eine hellgrau, das andere dunkler, beide olivinfreie, normale Gabbros, in denen der Feldspath, Anorthit, bedeutend über dem interpositionsfreien Pyroxen überwiegt.

Während ich echte Hyperite noch nicht gefunden habe, liegen doch von Hyperitdiorit (nach freundlicher Bestimmung von Herrn Törnebohm) zwei Geschiebe vor, beide von Wittenbergen, das eine sehr reich an Granaten.

Gabbros und gabbroartige Geschiebe sind nicht selten bei uns, doch wurde bei der Aussichtslosigkeit, zu genaueren Heimathsbestimmungen zu gelangen, vorläufig auf eine mikroskopische Untersuchung weiterer, als der oben bezeichneten Geschiebe verzichtet.

3. Die Eruptivgesteine des Christianiagebiets.

Litteratur über das Anstehende. [1]

A. E. Törnebohm. Rhombporfyren ved Christiania. Geol. fören. förh. II. Stockholm 1874/75.

Th. Liebisch. Ueber einige Syenitporphyre des südlichen Norwegens. Zeitschr. d. deutsch. geolog. Gesellschaft. XXIX. Berlin 1877.

H. Möhl. Die Eruptivgesteine Norwegens. Nyt Magazin for Naturvid. XXIII. Christiania 1877. [2]

[1]) Auf die Aufzählung der älteren Litteratur, die keine petrographischen Einzelheiten bietet, ist hier verzichtet worden. Sie findet sich in den Arbeiten von Kjerulf und Brögger (die Mineralien der Syenitpegmatitgänge) zusammengestellt.

[2]) Brögger bezeichnet die Beobachtungen mehrfach als ungenau.

Th. Kjerulf. Udsigt over det sydlige Norges geologi. Christiania 1879. (Autorisirte Uebersetzung von Ad. Gurlt. Bonn 1880).

— — Dislokationerne i Christianiadalen. Nyt Mag. f. Natvid. XXVII. Kristiania 1884.

— — Porfyr med strömningsstruktur. Naturen 1884. [1])

H. O. Lang. Ueber Flussspath im Granit von Drammen. Göttinger Nachrichten. 1880. No. 15.

— — Beiträge zur Kenntniss der Eruptivgesteine des Christiania-Silurbeckens. Nyt Mag. for Naturvid. XXX. 1886.

A. Penck. Ueber einige Contactgesteine des Christiania Silurbeckens. Nyt Mag. for Naturvid. XXV. Christiania 1879.

O. Mügge. Feldspath aus dem Rhombenporphyr von Christiania. Neues Jahrbuch für Mineralogie. 1881. II. Bd.

J. H. L. Vogt. Nogle bemärkninger om granit. Christiania vidensk. selskabs förhandl. 1881. IX.

H. Reusch. Geolog. notiser fra Kristianiaegnen. Nyt Mag. for Naturvid. XXVIII. 1883.

W. C. Brögger. Die silurischen Etagen 2 und 3 im Kristianiagebiet und auf Eker. Kristiania 1882.

— — Spaltenverwerfungen in der Gegend von Langesund-Skien. Nyt Mag. for Naturvid. XXVIII. 1884.

— — Ueber die Bildungsgeschichte des Kristianiafjords. Ein Beitrag zum Verständniss der Fjord- und Seenbildung in Skandinavien. Nyt Magazin for Naturvid. XXX. 1886.

— — Om Kristianiafjordens dannelse. Naturen 1886.

— — Geologisk kort over öerne ved Kristiania. Nyt Magazin for Naturvid. XXXI. 1890.

— — Die Mineralien der Syenitpegmatitgänge der südnorwegischen Augit- und Nephelinsyenite. Zeitschr. für Krystallographie. XVI. 1890.

— — Die Eruptivgesteine des Kristianiagebiets. I. Die Gesteine der Grorudit-Tinguaitserie. Kristiania 1894. II. Die Eruptionsfolge der triadischen Eruptivgesteine bei Predazzo in Südtirol. Kristiania 1895. III. Das Ganggefolge des Laurdalit. Kristiania 1897.

— — The basic eruptive rocks of Gran. Quarterly journal of the geol. society. Febr. 1894.

A. Andreae. Ueber Glimmertinguait, einen neuen Gesteinstypus. Verhandl. des naturforschenden und medizinischen Vereins. Heidelberg 1890.

[1]) Die Zeitschrift »Naturen« war mir nicht zugänglich.

A. Merian. Studien an gesteinsbildenden Pyroxenen. Neues Jahrbuch für Mineralogie. 1885. II. B. B.

E. Svedmark. Rhombenporphyr von Lysekil-Strömstad. Geol. fören. i Stockholm förhandl. XVI. 1894.

H. Bäckström. Ueber den Rhombenporphyr aus dem Brumunthal. Bihang till kongl. svenska vetenskab. akademiens handlingar. XIV. Abth. II. Stockholm.

O. Björlykke. Geologisk kort med beskrivelse om Kristiania By. Norges geolog. undersögelse. 25. Kristiania 1898.

Besonders wichtig sind die Arbeiten Bröggers.

In dem Gebiet zwischen dem Langesundfjord und Mjösen haben eine Anzahl verschiedener Eruptivgesteine die dortigen Silur- und Devonschichten durchbrochen und bedeckt, Gesteine, die in ihrer Mehrzahl überaus charakteristisch sind und vorzügliche Leitgeschiebe abgeben.

Als älteste Eruptivgesteine finden sich dort Stöcke und Decken, die die höchsten geschichteten Ablagerungen, wahrscheinlich dem old red zuzurechnende rothe Sandsteine und Conglomerate, concordant überlagern.

Die Stöcke, echte Tiefengesteine, basische Essexite, sind räumlich nur wenig ausgedehnt, namentlich im Norden des Gebiets aufgeschlossen. Bedeutend stärker treten die diesen Tiefengesteinen aequivalenten Ergussgesteine an der Oberfläche auf, sie erscheinen bald, wenn die Feldspatheinsprenglinge vorherrschen, z. B. nördlich von Christiania, als Labradorporphyrite, bald, wenn die Augiteinsprenglinge reichlicher entwickelt sind, oder allein herrschen, als Augitporphyrite, z. B. bei Drammen und Holmestrand. Durch Hinzutreten von Olivin entwickeln sich, z. B. bei Holmestrand, Melaphyre. Vielfach sind diese Gesteine als Mandelsteine ausgebildet.

Gangförmige Aequivalente des Essexit, Pyroxenite und Camptonite treten in wenig mächtigen Gängen auf. Auch eine rhombenporphyrische Facies, der Plagioklasrhombenporphyr, ist bekannt geworden.

Jünger als die Essexite und ihre Begleiter sind die Syenite, unter denen sich mehrere Gruppen, die durch Zunehmen des Kieselsäuregehalts allmählich in Granit übergehen, unterscheiden lassen.

Laurvikite, grobkörnige Augitsyenite, deren Feldspathe in Folge des Vorherrschens der Flächen ∞P und $2 P \breve{\infty}$ in allen

Richtungen rhombische Durchschnitte geben, nehmen im Süden des Eruptivgebiets ausgedehnte Strecken ein. Sie sind das herrschende Gestein zwischen Langesundfjord und Tönsberg-Nötterö. Die Farbe des Laurvikit ist meistens hellgrau, im Osten bei Tönsberg ist sie roth, im Westen des Gebiets mehr dunkelgrau bis bräunlich.

An den Grenzen treten stellenweise Ausbildungsformen auf, die bei sonst gleicher Zusammensetzung in Folge des feineren Kornes und der mehr rectangulären Begrenzung der Feldspathe ein ziemlich abweichendes Aussehen haben. Innerhalb des Laurvikitgebiets treten glimmerreiche Augitsyenite, Pulaskite, auf, die chemisch den Laurvikiten nahe stehen, doch durch das Vorherrschen des Glimmers und die echt granitische Struktur als besondere Gesteine aufzufassen sind. Die Ausdehnung ihres Anstehenden ist relativ gering.

Von Laurvikit und Pulaskit eingeschlossen tritt ferner der Laurdalit, ein ganz grobkörniger Nephelinsyenit, zwischen dem Laagenthal und Farrisvand auf, einen Flächenraum von ca. 60 qkm bedeckend. Seine Verwandtschaft zu dem Laurvikit bekundet der Laurdalit durch die Identität des Feldspaths, die Hauptunterschiede sind das Vorherrschen dunklen Glimmers und der Reichthum an Nephelin, der oft in sehr grossen Krystallen und Körnern auftritt.

Als den Laurvikiten und Laurdaliten aequivalente Deckengesteine sind ein Theil der Rhombenporphyre und der Nephelinrhombenporphyre aufzufassen. Die diesen Tiefengesteinen entsprechenden Ganggesteine bilden eine bunte Mannigfaltigkeit. Als die durch ihre Ausdehnung wichtigeren seien hier nur Foyait, Ditroit, Heumit und gangförmige Rhombenporphyre genannt.

Der Akerit ist ein Glimmeraugitsyenit, dessen Zusammensetzung und Aussehen ganz verschieden von dem Laurvikit ist. Er nähert sich dem Pulaskit, von dem ihn sein Quarzgehalt aber unterscheidet. Die Akerite sind meist ziemlich kleinkörnig, röthlich oder grauröthlich, von echt granitischer Struktur. Sie finden sich zwischen Tönsberg und Holmestrand, im östlichen Laagenthal bei Tuff und in einigen kleineren Vorkommen bei Christiania.

Entsprechend dem Quarzgehalte des Akerits erweist sich die porphyrische Grenzfacies oft als Quarzporphyr.

Saurer als die Akerite sind die sehr verbreiteten rothen Quarzsyenite oder Nordmarkite. Feldspath von rother oder graurother Farbe ist der herrschende Gemengtheil, der Glimmer, der hauptsächlichste bisilikatische Gemengtheil, neben dem sich auch Hornblende regelmässig findet, tritt sehr zurück. Quarz ist stets vorhanden, wenn auch oft nur mikroskopisch wahrnehmbar, Titanit recht häufig. Die Struktur ist granitisch, sie erhält ihre besondere Eigenthümlichkeit durch das häufige Vorkommen von miarolithischen Drusenräumen, in welche die Gemengtheile mit freien Krystallenden hineinragen, denen oft wieder kleine Quarz-, Feldspath-, Titanitkrystalle u. s. w. aufgesetzt erscheinen. Die Nordmarkite, im Allgemeinen ziemlich einförmig, sind das verbreitetste Gestein des Christianiagebiets. Westlich vom Laagen fast bis zum Nordsjö sich ausdehnend, und nördlich von Christiania bis zum Mjösen vorkommend, nehmen sie fast die Hälfte bis ein Drittel des ganzen Gebiets ein. Als Grenzfacies treten Rhombenporphyre und Quarzsyenitporphyre auf, ein gangförmiges Aequivalent liegt in dem Glimmersyenitporphyr, einem namentlich aus Christianias Umgegend bekannten Gestein, vor.

Die Effusivfacies des Nordmarkits wird wahrscheinlich durch den mit hornfelsähnlicher Grundmasse versehenen Quarzrhombenporphyr von Eidsfoss am Ekernsee dargestellt.

Natrongranite sind helle, röthliche bis gelbliche, quarzreiche Hornblendegranite, für welche das Vorkommen der natronreichen Bisilikate, Arfvedsonit und Aegirin besonders charakteristisch ist. Sie stehen in enger Verbindung mit den Nordmarkiten. Verbreitet sind sie in einem quer über den Laagen und Ekernsee bis nahe an Drammen sich erstreckenden Gebiet. Die Grenzfacies dieser Granite ist quarzporphyrisch, als Gangbegleiter sind die namentlich im Nordosten von Christiania und im Westen vom Laagenthal vorkommenden Grorudite anzusehen.

Ein echter Granitit von normaler Zusammensetzung und Struktur, von gelblichrother, fleisch- bis ziegelrother Farbe, arm an Glimmer und überhaupt Bisilikaten, reich an Quarz, nimmt das ca. 700 qkm grosse Gebiet beiderseits des Drammenfjord ein, welches das Christianiaeruptivgebiet in südost-nordwestlicher Richtung fast vollständig durchquert.

Seine Grenzfacies ist ein granophyrischer Quarzporphyr; dasselbe Gestein begleitet den Granitit in Form von Gängen.

Alle bisher genannten Gesteine durchsetzend tritt im Christianiagebiet eine Unzahl von Gängen verschiedener Diabasarten auf. Neben echten Diabasen finden sich Diabasporphyrite, Proterobase, Glimmerdiabase. Diese Gänge sind meist wenig mächtig.

Wenn wir absehen von den Diabasen und Diabasporphyriten, vielleicht auch den Essexiten, so haben wir in den aufgezählten Gesteinen eine Reihe vorzüglicher Leitgesteine vor uns.

Merkwürdig ist, dass in der Geschiebelitteratur der Rhombenporphyr unter den vom Christianiagebiet stammenden Geschieben besonders häufig genannt wird. Er bedeckt kaum ein Fünftel des Gebiets und doch ist die grosse Mehrzahl der Geschiebe aus Norwegen in allen Sammlungen Rhombenporphyr. Wenn wir dazu nehmen, dass Rhombenporphyr der Abrollung auf den Transport ganz besonders stark unterlegen ist — ich fand im Laagenthal z. B. grosse und sehr grosse Blöcke dieses Gesteins als Glacialgeschiebe, während im deutschen Diluvium selbst nur kopfgrosse Stücke zu den Seltenheiten gehören, und die wallnuss- bis faustgrossen Stücke die grosse Mehrzahl bilden — so giebt die mitgetheilte Thatsache einen deutlichen Beweis dafür, wie sehr der Geschiebesammler von Zufälligkeiten abhängig ist. Die Nordmarkite, Akerite, Granitite sehen in ihrer Verwitterungsrinde den gewöhnlichen Graniten so ähnlich, dass jemand, der nicht jeden Block anschlägt, sie leicht übersehen wird, was bei Rhombenporphyren nicht der Fall ist. Um die genaue Ausbreitung der norwegischen Geschiebe, namentlich nach Süden, festzustellen, wird man gerade den Nordmarkiten, Akeriten und Granititen, die in Folge ihrer grösseren Härte weniger stark der Abrollung unterworfen sind, Aufmerksamkeit schenken müssen.

Litteratur über Geschiebe aus dem Christianiagebiet. [1])

Johnstrup [2]) bemerkt bei Schilderung des Geschiebemergels in Jütland, dass die darin eingeschlossenen Geschiebe im nördlichen Theil Jütlands vorzugsweise norwegischer, im südöstlichen Theil Jütlands schwedischer Herkunft seien. Besonders betont wird das Fehlen schwedischer Silurkalksteine. Von den im steinigen Yoldienthon von Vendsyssel gesammelten krystallinischen Geschieben wurde eine grosse Anzahl an Kjerulf gesandt, der mit Hülfe von Brögger und Reusch für eine erhebliche Zahl das Christianiaeruptivgebiet als Heimath bestimmte. Johnstrup bemerkt ausdrücklich, dass von den Geschieben des Yoldienthones die Mehrzahl aus Norwegen stammt.

J. S. Deichmann Branth [3]) untersuchte Geschiebe von Strandby,

---

[1]) Bei der leichten Kenntlichkeit der Syenite und Rhombenporphyre dürfen auch ältere Bestimmungen, die ohne Benutzung des Mikroskops erfolgten, als zuverlässig angesehen werden.

[2]) Professor Johnstrup. De geognostiske Forhold i Jylland. Saerskilt Aftryk af Tidskrift for Landsökonomie. Kjöbenhavn 1875.

Fr. Johnstrup. Om de geologiske Forhold i den nordlige Del af Vendsyssel. Indbydelsesskrift til Kjöbenhavns universitets Aarsfest til Erindring om Kirkens Reformation. Kjöbenhavn 1882.

[3]) J. S. Deichmann Branth. Hvorfra och hvorledes ere Stenene i det nordlige Jylland komme. Tidskrift for populaere Fremstilling af Naturvidenskaben. Femte Raekke. XXIII. Aargang. II. Bd. 3 Hefte, Kjöbenhavn 1876.

³/₄ Meilen nördlich Frederikshavn, nahe der Nordspitze Jütlands. Kjerulf verglich die Gesteine, Branth besuchte auch selbst einige Orte des Christianiagebiets. Bemerkenswerth ist aus der prozentischen Berechnung der relativen Häufigkeit der verschiedenen Gesteinsspezies die Thatsache, dass 4 % Syenite, ein recht hoher Prozentsatz, vorkommen. Kjerulf bestimmte für eine grosse Anzahl von Geschieben das Anstehende in Norwegen. Wenn wir nun auch alle Granite, Gneisse und andere Gesteine des Grundgebirges, Gabbro, Diabas etc. als möglicherweise zweifelhaft ausser acht lassen, so bleibt doch eine erhebliche Zahl sicher norwegischer Geschiebe zurück, z. B. »Eurit, wie er gangförmig am Christianiafjord vorkommt« (Osloporphyr?). Syenit (Nordmarkit) aus dem Norden und Westen des Christianiafjord, z. B. von Hadeland und Grefsen, Syenit (rother Laurvikit) aus der Gegend von Tönsberg, Syenit (Laurvikit) mit Zirkon und Wöhlerit vom Langesundfjord, Syenit (dunkler Laurvikit) von Frederiksvärn und Laurvik (heller Laurvikit); z. T. in mehreren Exemplaren; ferner Feldspathporphyr (Rhombenporphyr) vom Kroftkollen, Krogskov und Holmestrand, Augitporphyr von Holmestrand, Pentameruskalk u. s. w.

Von der Insel Laesö, östlich von Frederikshavn, im Kattegat gelegen, sammelte Branth Gesteine, deren Heimath auf Grund der Kjerulf'schen Bestimmungen z. T. in Norwegen, z. T. in Schweden gesucht wird. Unter den aufgezählten Geschieben finden sich indessen keine Gesteinstypen, die ausschliesslich auf Norwegen sich beziehen lassen, wie die Augitsyenite, Rhombenporphyre etc. [1])

C. Gottsche erwähnt das Vorkommen von Zirkonsyenit in der Umgegend von Hamburg [2]) und berichtet über das Vorkommen von Rhombenporphyr aus dem Christianiagebiet im unteren Geschiebemergel von Kiel und Marienleuchte auf Fehmarn. Er fand ferner in

---

[1]) Nach A. Jessen (Beskrivelse til geol. Kort over Danmark, Kortbladene Laesö og Anholt, Danmarks geol. Undersögelse 1 Raekke No. 4) sind alle Blöcke auf Laesö durch Treibeis dahin gelangt, weil sich keinerlei Andeutungen einer Moräne auf der Insel finden.

[2]) C. Gottsche und F. Wibel. Die Diluvialgeschiebe Hamburgs. Hamburg in naturhistorischer und medizinischer Beziehung. Den Mitgliedern und Theilnehmern der 49. Versammlung deutscher Naturforscher und Aerzte als Festgabe gewidmet. Hamburg 1876.

C. Gottsche. Die Sedimentärgeschiebe der Provinz Schleswig-Holstein. Yokohama 1883.

— — Die tiefsten Glacialablagerungen der Gegend von Hamburg. Vorläufige Mittheilung. Mitth. d. Geogr. Ges. Hamburg, Bd. XIII. 1897.

— — Die Endmoränen und das marine Diluvium Schleswig-Holsteins. Theil II. Das marine Diluvium. Mitth. der Geogr. Gesellschaft Hamburg, Bd. XIV. 1898.

einer Bohrung von der Elbschlossbrauerei bei Nienstedten (unterhalb Altona an der Elbe) bei 185—189,7 m unter Terrain ein 5½ cm grosses Geschiebe von Rhombenporphyr in dunklem sandigem Geschiebemergel; bei einer Bohrung von Hamm bei Hamburg (Hammer Landstrasse 250) wurde in 133 — 155 m Tiefe unter Terrain ein sandiger, dann dunkler, fast schwarzer Geschiebemergel erbohrt, in dem sich ein 1½ cm grosser Rhombenporphyr fand. Die beiden letztgenannten Funde gehören der ersten, der grossen Eiszeit vorhergehenden, von Gottsche durch diese Bohrungen in Schleswig-Holstein nachgewiesenen Vereisung an. Bei Mummark auf Alsen sind Rhombenporphyre als Strandgerölle häufig.

Derselbe Autor spricht (Marines Diluvium) die Vermuthung aus, dass bei einer Unterscheidung beider Moränen (nämlich der früher sogenannten ersten und zweiten Vereisung) das norwegische Material eine wichtige Rolle spielen wird. Ueber die vertikale Verbreitung sind ihm bis dahin sechs Beobachtungen bekannt: Die zwei oben genannten, ferner ein Fund von Rhombenporphyr aus grobem Kies unter der Blockpackung bei Fockbeck (westlich Rendsburg) und ein Fund in der Blockpackung der Endmoräne bei Haby in Schleswig.

A. Helland [1]) bemerkt, dass der südlichste Punkt, an dem norwegische Geschiebe vorkommen, Oudenbrock in Nord-Brabant sei, er erwähnt ferner das häufige Vorkommen von Syenit und Rhombenporphyr in Jütland, als östlichsten Punkt nennt er Nakskov auf Laaland, wo Syenit gefunden wurde. Bei Holderness in England kommen nach demselben Autor Rhombenporphyre und Syenite in Geschiebelehm vor, wo sie wenige Prozente der Gesammtmenge ausmachen. Ueber einen Fund von Urk (Holland) s. u. bei Schröder van der Kolk.

A. Penck [2]) hat in der Kieler Geschiebesammlung Rhombenporphyre und Contactgesteine des Christiania-Silurbeckens bestimmt.

Th. Kjerulf [3]) stellt eine grosse Zahl von Beobachtungen aus Norwegen zusammen, aus denen sich eine nord-südliche Bewegung der Geschiebe am Christianiafjord ergiebt, ausserdem lässt sich ein parallel der Südostküste Norwegens gerichteter Eisstrom aus der Verbreitung der Christiania-Gesteine erkennen. Eine Karte veranschaulicht den Geschiebetransport.

---

[1]) A. Helland. Ueber die glacialen Bildungen der norddeutschen Ebene. Zeitschr. der dtsch. Geolog. Ges. XXXI. Berlin 1879.

[2]) A. Penck. Die Geschiebeformation Norddeutschlands. Zeitschr. der deutsch. Geolog. Gesellschaft XXXI. Berlin 1879.

[3]) Th. Kje ulf. Udsigt over det sydlige Norges Geologi. Christiania 1879.

H. O. Lang [1]), der selbst das südliche Skandinavien bereiste, theilt mit, dass die makroskopisch leicht kenntlichen Gesteine des Christianiagebiets, wie der Granit von Drammen, Syenit von Christiania, Augitsyenit von Laurvik, Rhombenporphyr von Tyveholm, keinen Beitrag zu den Bremer Findlingen geliefert haben. Er hält es aber für möglich, dass sich unter den dichten Geschieben der Bremer Gegend einzelne von Norwegen herstammende befinden können.

J. Heinemann [2]) erwähnt das Vorkommen des Syenit von Laurvik in Schleswig-Holstein (ohne nähere Fundortsangabe), auch beschreibt er Rhombenporphyre, die »dem Vorkommen von Tyveholm in Christiania täuschend ähnlich sehen.« Die Beschreibung eines auf Brevik bezogenen »Melaphyrs« ist nicht eingehend genug, um von der Uebereinstimmung überzeugen zu können.

E. Geinitz [3]) erwähnt unter den mecklenburgischen Geschieben Zirkonsyenit von Zarrentin, Eläolithsyenit von unbestimmtem Fundorte, Rhombenporphyre von Zarrentin, Warnemünde und Kritzow bei Schwerin, hier aus lehmigem Decksande.

G. de Geer [4]) berichtet von dem Vorkommen zahlreicher, der Kreide entstammender Flintsteine, zusammen mit Gesteinen norwegischer Herkunft, Gesteinen des Christianiagebiets, in Bohuslän und benachbarten Gebieten. Sie werden bis zu den höchsten Grenzen der alten Meeresablagerungen hinauf beobachtet, hören dann aber plötzlich auf. Das Zusammenvorkommen wird mit der Annahme erklärt, dass der baltische Gletscher der zweiten Vereisung ins Kattegat hineinragte und dass gleichzeitig ein vom Christianiagebiet herabkommender Gletscher ungefähr an der bekannten Endmoräne von Holmestrand-Moss sein Ende fand; beide sandten in das damals bedeutend

---

[1]) H. O. Lang. Erratische Gesteine aus dem Herzogthum Bremen. Abhandl. des naturw. Vereins Bremen. Göttingen 1879.

[2]) J. Heinemann. Die krystallinischen Geschiebe der Provinz Schleswig-Holstein. Kiel 1880.

[3]) E. Geinitz. IV. Beitrag zur Geologie Mecklenburgs. Die Geschiebe krystallinischer Massengesteine im mecklenburgischen Diluvium. Archiv. Ver. der Freunde der Naturgesch. Mecklenburgs XXXVI. 1882.

— — VIII. Beitrag zur Geologie Mecklenburgs. Ueber einige seltneren Sedimentärgeschiebe Mecklenburgs. Archiv der Freunde . . XL. 1886.

[4]) G. de Geer. Om den skandinaviska landisens andra utbredning. Sveriges geologiska undersökning. Ser. C. No. 68 pag. 25. Auch in Geol. fören. förhandl. VII. Stockholm 1884 pag. 25.

— — Om Skandinaviens geografiska utveckling efter istiden. Stockholm 1896, pag. 62/63.

— — Om isdelarens läge under Skandinaviens begge nedisningar. Sver. geol. undersökning Ser. C. No. 101 pag. 12. Auch in Geol. fören. förhandl. X. 1888.

ausgedehntere Kattegat ihre Eisberge hinein. Die Beobachtung ist besonders wichtig zur Erklärung des anscheinenden Fehlens der Geschiebe aus dem Christianiagebiet in dem oberen Geschiebemergel der cimbrischen Halbinsel und der dänischen Inseln.

Hj. Sjögren [1]) nennt unter Geschieben von Helgoland einen Block von mandelsteinartigem Rhombenporphyr.

F. Klockmann [2]) betont das vollständige Fehlen norwegischer Geschiebe in der Mark Brandenburg.

F. J. P. van Calker [3]) fand einen Rhombenporphyr bei Neu-Amsterdam. Unter 275 Geschieben vom Hondsrug im nordöstlichen Holland, die an Kjerulf zum Vergleich gesandt wurden, fand sich kein unzweifelhaft typisches Gestein aus Norwegen.

O. Zeise [4]) beobachtete Rhombenporphyr im unteren Geschiebemergel von Marienleuchte auf Fehmarn und von Itzehoe. Er bemerkt, dass Rhombenporphyr im Osten Schleswig-Holsteins garnicht so selten, im Westen jedoch häufiger sei.

E. Delvaux [5]) hat in mehreren Abhandlungen die nordischen Geschiebe Belgiens behandelt. Wir entnehmen seinen Arbeiten nachstehende Angaben, die sich auf norwegische Gesteine beziehen. Bei Moervaert im östlichen Flandern fand sich ein als »nordisch« bezeichneter mittelkörniger Zirkonsyenit. »Man beobachtet in demselben

---

[1]) Hj. Sjögren. Om skandinaviska block och diluvial bildningar på Helgoland. Geol. foren. i Stockholm förhandl. VI. Bd. Stockholm 1883.

[2]) G. Berendt und W. Dames. Geognostische Beschreibung der Umgegend von Berlin. Jahrbuch der Kön. preuss. geolog. Landesanstalt. Berlin 1885.

[3]) F. J. P. van Calker. Diluviales aus der Gegend von Neu-Amsterdam. Zeitschrift der deutschen geol. Gesellsch. XXXVII. Berlin 1885.

— — Beiträge zur Heimathsbestimmung der Groninger Geschiebe. Zeitschrift der deutschen geol. Gesellsch. XLI. Berlin 1889.

[4]) O. Zeise. Beiträge zur Kenntniss der Ausbreitung, sowie besonders der Bewegungsrichtungen des nordeuropäischen Inlandeises in diluvialer Zeit. Königsberg 1889.

[5]) E. Delvaux. Epoque quaternaire. De l'extension des dépots glaciaires de la Skandinavie et de la présence des blocs erratiques du Nord dans les plaines de la Belgique. Annales de la société géol. de Belgique. Mémoires. XI. Liège 1883.

— — Présentation à la soc. géol. de Belgique d'un bloc anguleux de syénite zirconienne, trouvé dans la Flandre orientale. Annales de la soc. géol. de Belgique. Bulletins. XI. Liège 1883.

— — Sur les derniers fragments de blocs erratiques recueillis dans la Flandre occidentale et dans le nord de la Belgique. Ibid. Mémoires. XIII. Liège 1886.

— — Quelques notes sur le grand bloc erratique d'Oudenbosch près de Bréda et sur le dépot de roches granitiques scandinaves découvert dans la région. Annales de la soc. malacolog. de Belgique XX. 1885.

Plagioklas, Hornblende und Biotit, diese Mineralien werden durch Orthoklas verbunden.« Unter den ziemlich zahlreichen accessorischen Mineralien sind Magnetit und eine bemerkenswerthe Menge von Zirkon mit blossem Auge sichtbar. Wegen seiner kantigen Form muss er als Glacialgeschiebe — nicht als Flussgeröll angesehen werden. Die angegebene Zusammensetzung lässt sich nur schwierig auf eins der bekannten Vorkommnisse Norwegens deuten, und ist zu bedauern, dass Delvaux keine näheren Angaben macht, an welches nordische Vorkommen er gedacht hat. »Porphyrische Diorite«, sehr feinkörnig, fast dicht, aus Orthoklas, Hornblende, Quarz und zuweilen Peridot bestehend, sollen, wie Delvaux glaubt, zum grössten Theil aus der Nachbarschaft des Christianiasilurbeckens stammen.

Bei Erwähnung der von V. Becker gesammelten, aus der Gegend von Oudenbosch stammenden Geschiebe, als Granit, Gneiss, Glimmerschiefer, Syenit etc., bemerkt Delvaux, dass »die rothen Varietäten, so verbreitet in Norwegen, herrschen.« Vom Donderakker bei Oud Gastel wird neben anderen skandinavischen Gesteinen Rhombenporphyr genannt.

Mit Glimmerschiefer aus Norwegen stimmt ein Geschiebe von Audenarde überein, mit Gneissgranit von Renå in Meraker (Norwegen) ein Geschiebe von Wortel.

Ohne den skandinavischen Ursprung der von Delvaux erwähnten Blöcke bezweifeln zu wollen, glaube ich doch, dass für den norwegischen Ursprung der hier citirten Geschiebe nicht genügende Beweise vorliegen, abgesehen von dem leichtkenntlichen Rhombenporphyr. Mikroskopische Vergleiche haben anscheinend nicht stattgefunden, überhaupt wird selten von Vergleichsmaterial aus Skandinavien gesprochen. Glimmerschiefer und Gneissgranit eignen sich schwerlich als Leitgeschiebe. Wo Delvaux von Syenit spricht, würden wir meist Amphibolgranit resp. Amphibolbiotitgranit setzen, soviel sich aus den kurzen Diagnosen erkennen lässt. Welches norwegische Gestein mit den »porphyrischen Dioriten« übereinstimmen soll, ist nicht ersichtlich.

V. Becker [1]) fand bei Oudenbosch drei Rhombenporphyre (nach Delvaux in zwei Varietäten). Ebendaselbst fand sich ein grosser Block, den A. Wichmann als norwegischen Syenit bestimmte.

---

[1]) V. Becker. Het zwerfblock van Oudenbosch en zijne omgeving. Overdegruckt uit de studien op godsdienstig, wetenschappelijk en letterkundig gebied. XX. Jaarg. Dl. XXX. Utrecht 1888.

A. Erens [1]) gelangte bei seinen Untersuchungen des gemengten Diluviums der südlichen Niederlande zu dem auffallenden Ergebniss, dass die Mehrzahl der nordischen Geschiebe in Limburg von Norwegen stammt. In der tabellarischen Uebersicht, die der zweiten Arbeit angefügt ist, sind vorzugsweise norwegische Geschiebe aufgezählt. Er erwähnt, dass er bei seinen Bestimmungen von H. Reusch, W. C. Brögger und A. E. Törnebohm unterstützt sei, so dass man kaum an der Richtigkeit der Identifikationen zu zweifeln wagt. Indessen fordert doch der Umstand, dass der Befund mit allen sonstigen Thatsachen in Widerspruch steht, die genauere Prüfung der Erens'schen Angaben. Da ist zu bemerken, dass die genannten skandinavischen Forscher [2]) sich meist vorsichtig in ihrem Urtheil aussprechen, dass ferner Erens nicht überall angiebt, ob seine Bestimmungen von den genannten Herren bestätigt wurden, auch ist nicht zu erkennen, ob Erens für seine eigenen Bestimmungen auf ausreichendes Vergleichsmaterial gestützt war.

Unter den gegebenen Einzelbeschreibungen erweckt z. B. die Beschreibung eines Eläolithsyenits Zweifel an der Richtigkeit der Bestimmung. Es wird als Bestandtheil rhombischer Pyroxen aber kein Augit erwähnt.

Bezüglich der Diabase bezieht Erens sich auf Bestimmungen von A. Wichmann. Da es mir auffallend erschien, dass Erens gerade für die auch in Schweden so häufigen Diabase das Christianiagebiet als Heimath in Anspruch nimmt, erbat ich mir von Herrn Professor Wichmann Auskunft über die Bestimmungen, die er in freundlichster Weise ertheilte. Nach seiner Mittheilung beruht die Angabe bei Erens auf einem »vollständigen Irrthum.« Herr Professor Wichmann erklärt sich den Irrthum dahin, dass seine hinsichtlich der Rhombenporphyre ausgesprochene Ansicht ohne Weiteres auf die Diabase übertragen wurde. Es lässt sich, wie Herr Prof. Wichmann mir schreibt, nicht mehr feststellen, ob der Irrthum Herrn Erens selbst, oder Herrn Pater Becker zur Last zu legen ist. Der Umstand, dass Herr Becker nur von »skandinavischem Diabas«

[1]) A. Erens. Note sur les roches cristallines recueillies dans les dépots de transport situés dans la partie méridionale du Limbourg. Annales de la société géologique de Belgique. XVI. Liège 1889.

— — Recherches sur les formations diluviennes du Sud des Pays-Bas. Archives du musée Teyler. Ser. II Vol. III. Haarlem 1891.

[2]) In der ersten Arbeit von Erens wird ausdrücklich gesagt, dass die Stücke von Reusch nur makroskopisch untersucht wurden.

bei Oudenbosch [1]) spricht, scheint dafür zu sprechen, dass das Versehen auf Seite des Herrn Erens lag. [2])

Eine ganze Anzahl der von Erens aufgezählten Geschiebe ist, wie schon J. Martin [3]) bemerkt hat, wenig charakteristisch, wie z. B. die Porphyre, Amphibolit u. s. w. So kommt man zu dem Ergebniss, dass im südlichen Holland sicherlich norwegische Geschiebe vorkommen, dass aber für ein Vorherrschen solcher vor den schwedischen unter dem aus Skandinavien stammenden Material kein Beweis erbracht wurde.

J. L. C. Schröder van der Kolk [4]) stellt die holländische Geschiebe betreffenden Beobachtungen zusammen. Den Helland'schen Fund von Rhombenporphyr auf Urk hält er für zweifelhaft, er meint, das Stück könne als Schiffsballast dahin gelangt sein. (Doch schreibt A. Wichmann mir, dass er das Stück selbst bei Helland gesehen habe, und dass an dem glacialen Ursprung nicht zu zweifeln sei.) Er berichtet von einem von ihm selbst gemachten Funde [5]) bei Markelo. Dort fand sich in blauem Geschiebemergel, der unmittelbar auf Tertiärthon aufliegt und als unterer Geschiebemergel angesprochen wird, neben Gesteinen von den Ålandinseln und aus Schweden ein Rhombenporphyr. Das Gestein wird beschrieben [6]) und angenommen, dass es gleich den anderen Geschieben norwegischer Herkunft in Holland durch Drift an seinen Ort gelangt sei.

J. Martin [7]) hat im Herzogthum Oldenburg nur drei Rhombenporphyre gefunden. Er ist angesichts der Thatsache, dass im Ganzen zwischen Weser und Rhein nur sechs Geschiebe gefunden wurden,

[1]) V. Becker. De jongste geologische onderzoekingen in het diluvium van Nord-Brabant en Limburg. Overgedruckt uit de studien op godsdienstig westenschappelijk en letterkundig gebied. XXVII. Jaarg. Deel XLIV. Utrecht 1895.

[2]) Herr Prof. A. Wichmann übersandte mir einige Proben von Geschieben aus der Gegend von Oudenbosch. Einen Rhombenporphyr und einen Nordmarkit konnte ich sicher bestimmen. Ueber letzteren später Näheres. Mehrere der übersandten Diabase können schwedischen Ursprungs sein.

[3]) J. Martin. Diluvialstudien III. 1. Die Heimath der Geschiebe. X. Jahresbericht des naturwissenschaftl. Vereins zu Osnabrück für 1893/94. Osnabrück 1895.

[4]) J. L. C. Schröder van der Kolk. Bijdrage tot de kennis der verspreiding onzer krystallijne zwervelingen. Leiden 1891.

[5]) — — Verslag eener proeve van geolog. karteering in de omstreken van Markelo, in Juli en August 1891 verricht. Verslagen en meddelingen d. Koninklijke akademie van westenschappen, afdeeling natuurkunde. III. Reeks. Deel IX. Amsterdam 1892.

[6]) — — Note sur une étude du Diluvium faite dans la région de Markelo. Bulletins de la Soc. Belge de Géologie, Paléontologie et Hydrologie. VI. Bruxelles 1892.

[7]) J. Martin. Diluvialstudien I. Alter und Gliederung des Diluviums im Herzogthum Oldenburg.

Diluvialstudien II. Das Haupteis ein baltischer Strom.

die sich mit Sicherheit auf Norwegen zurückführen lassen, der Ueberzeugung, dass man nicht einen besonderen, von Norwegen herabkommenden Eisstrom anzunehmen brauche, um ihr Vorkommen im Westen des norddeutschen Flachlandes zu erklären. Vielmehr nimmt er an, dass ihr Vorkommen in einer Moräne von ausgesprochen schwedisch-baltischem Charakter deutlich dafür spricht, dass sie von ihrer primären glacialen Lagerstätte aus dem westlichen Theile der Ostsee zusammen mit den Geschieben schwedischer und baltischer Abstammung weiter nach Südwesten verfrachtet worden seien.

K. Rördam [1]) gelang es, den unteren und oberen Geschiebemergel des nordöstlichen Seeland durch quantitative Bestimmung seines Gehalts an Kalksteinfragmenten und deren Verhältniss zu krystallinen Gesteinen zu unterscheiden. Ueberall, wo unterer Geschiebemergel zu Tage tritt, fanden sich norwegische Geschiebe, sowohl dort, wo er von oberem Geschiebemergel bedeckt wird, als dort, wo er allein an der Oberfläche auftritt. Besonders bemerkenswerth ist, dass in unterem Geschiebemergel an sicher bestimmbaren Geschieben nur Rhombenporphyre (an verschiedenen Orten und in mannigfachen Abarten) und Zirkonsyenit vorkommen, während im oberen Geschiebemergel sich zahlreiche schwedische und baltische Geschiebe bestimmen liessen. Wo der obere Geschiebemergel allein vorkommt, fehlen norwegische Geschiebe vollständig. Rördam schliesst für die untere Moräne auf eine ungefähr N — S gerichtete Bewegung, für die obere auf eine SO—NW Richtung.

V. Madsen [2]) stellt frühere Beobachtungen über norwegische Geschiebe in einer Litteraturübersicht zusammen. Er spricht die

Diluvialstudien III. Vergleichende Untersuchungen über das Diluvium im Westen der Weser. 1. Heimath der Geschiebe. IX. u. X. Jahresbericht des naturwissenschaftl. Vereins zu Osnabrück 1894 u. 1895.

Diluvialstudien VII. Ueber die Stromrichtungen des nordeuropäischen Inlandeises. Abh. des naturw. Vereins Bremens XVI. 1898.

[1]) K. Rördam. De geologiske Forhold i det nordostlige Sjaelland. Beskrivelse til Kortbladene Helsingör og Hilleröd. Danmarks geologiske Undersögelse No. 3. Kjöbenhavn 1893.

[2]) V. Madsen. Istidens foraminiferer. Meddelser fra Danmarks geol. Forening No. 2. Kjöbenhavn 1895.

— — Beskrivelse til geologisk Kort over Danmark. Kortbladet Samsö. Danmarks geol. Undersögelse. 1 Raekke No. 5. Kjöbenhavn 1897.

Aus Madsens Arbeit entnehme ich noch folgende Citate, die ich nicht einsehen konnte.

Lamplugh. Glacial section near Bridlington. Proceedings Yorkshire geol. and polytechn. Society XI. Part. II. 1889.

— — On the larger boulders of Flamborough head and other parts of the Yorkshire coast. Proc. Yorkshire geol. and polyt. Society XI. P. II. 1890.

In diesen Arbeiten wird das Vorkommen norwegischer Geschiebe in Yorkshire erwähnt.

Vermuthung aus, dass der norwegische Eisstrom älter sei, als der älteste baltische, schon weil er einen näheren Weg habe (nach Dänemark) als der baltische und von höheren Bergen komme. Er meint ferner, dass die Blöcke in England und Dänemark nicht gleichzeitig an ihren Ort gekommen sein könnten, sondern der baltische Strom habe den norwegischen abgelenkt.

Derselbe Autor giebt eine Zusammenstellung der auf Helgenaes und Samsö gefundenen norwegischen Geschiebe. Sie sind auf Samsö anscheinend auf den Norden der Insel beschränkt, kommen dort und auf den benachbarten Inseln aber in grosser Zahl vor. (10 Syenitporphyre mit rhombischen Feldspatheinsprenglingen, 27 Rhombenporphyre mit feinkörniger Grundmasse, 25 solche mit dichter Grundmasse, 4 Laurvikite.) Doch herrschen schwedische und baltische Geschiebe vor. Die für die Moränen des nördlichen und südlichen Theils der Insel Samsö vorgenommenen quantitativen Bestimmungen des Verhältnisses von Feuersteinen zu krystallinen Gesteinen haben ergeben, dass sehr wahrscheinlich zwei verschiedene Moränen die Oberfläche im Norden und Süden der Insel bedecken. Bei Cromer in Yorkshire fand V. Madsen [1]) einen Rhombenporphyr.

N. V. Ussing und *V. Madsen* [2]) fanden in den Moränenablagerungen des Kartenblatts Hindsholm, Fünen, keine norwegischen Geschiebe. Die Moränen werden als Bildungen der letzten Vereisung angesehen.

A. Jessen [3]) fand in geschichteten, von Moränen bedeckten Diluvialablagerungen der Insel Anholt im Kattegat an norwegischen Geschieben Syenitporphyr mit rhombischen Feldspatheinsprenglingen, Rhombenporphyre mit feinkörniger Grundmasse und Augitporphyrit. In dem steinigen Sand, der die Oberfläche der Hügel bildet, und der als Moränenablagerung bezeichnet wird, fanden sich Rhombenporphyre und rothgrauer Syenit. Die Mischung der norwegischen Geschiebe mit schwedischen und baltischen wird durch die Annahme erklärt, dass eine ältere norwegische Moräne von einer jüngeren, von Süd oder Südost kommenden baltischen zerstört sei.

---

[1]) Victor Madsen. Skandinavian boulders at Cromer. Quarterly Journal of the geol. Society Vol. XLIX No. 193. London 1893.

[2]) N. V. Ussing og Victor Madsen. Beskrivelse til geologisk Kort over Danmark. Kortbladet Hindsholm. Danmarks geolog. Undersögelse. 1 Raekke No. 2. Kjöbnhavn 1897.

[3]) A. Jessen. Beskrivelse til Geol. Kort over Danmark. Kortbladene Læsö og Anholt. Danmarks geol. Undersögelse. 1 Raekke No. 4. Kjöbenhavn 1897.
— — Beskrivelse . . Kortbladene Skagen, Hirshals, Frederikshavn, Hjörring og Lökken. Ibid. I. Raekke No. 3. Kjöbenhavn 1899.

In Vendsyssel kommt ein an Thierresten reicher, dem unteren Diluvium angehöriger Yoldienthon vor, der an vielen Stellen steinig ist, stellenweise einen moränenartigen Habitus annimmt. In diesem Thon sind oft Geschiebe eingebettet, die ausschliesslich aus Norden stammen, z. B. Rhombenporphyr, Porphyrtuff, vereinzelt Bredvadporphyr. Diese Geschiebe sind sicherlich als Driftgeschiebe anzusehen.

Ueber dem marinen Thon kommen fluvioglaciale und glaciale Ablagerungen vor, in denen sich norwegische Geschiebe in reichlicher Menge finden, nächst den norwegischen sind Dalarnegesteine die häufigsten, typische Ostseegesteine aber viel seltener, oft verschwindend selten. Vom Christianiagebiet herzuleiten sind Rhombenporphyr, Porphyrtuff und Laurvikit. In dem »Moränensand«, einer durch reichliche Sandaufnahme charakterisirten Lokalmoräne, sind ausschliesslich von Norden oder Nordnord-ost stammende Gesteine vorhanden, in dem den Moränensand überlagernden »steinigen Sand« finden sich ganz untergeordnet baltische Geschiebe.

V. Milthers [1]) stellt Beobachtungen über norwegische Geschiebe in- und ausserhalb Dänemarks zusammen und fügt eigene Untersuchungen hinzu. Eine Karte giebt die Verbreitung auf dem nördlichen Theil von Seeland und den benachbarten Gebieten an. Besondere Aufmerksamkeit wird der Herkunft der Geschiebe — ob Strandgerölle, ob Moränen oder Kiesgruben entstammend, — gewidmet. Auch Milthers ist der Ansicht, dass das Zusammenvorkommen von norwegischen und baltischen Geschieben sich nicht etwa durch Drift von Norwegen her erklären lasse, sondern dass die Zerstörung einer älteren norwegischen Moräne durch eine jüngere baltische anzunehmen sei.

Derselbe Forscher ist der Ansicht, dass die Mischung schwedisch-baltischer mit norwegischen Geschieben nur unter der Annahme erklärbar sei, dass die Ostgrenze des norwegischen Eisstromes noch östlich von den östlichsten Fundorten norwegischer Geschiebe gelegen habe, so dass ganz Seeland von dem norwegischen Strom bedeckt gewesen sei.

Zu erwähnen ist noch eine Mittheilung von Madsen an Milthers über das Vorkommen norwegischer Geschiebe auf Fünen. Sie finden sich hier hin und wieder auf der Insel, auch stellenweise an der Ostküste zwischen Nyborg und Lundeborg.

---

[1]) V. Milthers. Norske Blokke paa Sjaelland. Meddelser fra Dansk geol. Forening. No. 5. Kjöbenhavn 1899.

F. Wiggers [1]) bemerkt, dass er auf dem Zeltberg von Lüneburg einen Rhombenporphyr fand.

Essexit.

Es erscheint mir zweifelhaft, ob man die Essexite des Christianiagebiets als Leitgeschiebe verwenden kann, da nach meinen allerdings beschränkten Erfahrungen unter den schwedischen Diabas- und Gabbrogesteinen manche norwegischen Essexiten nahestehende Formen vorzukommen scheinen.

Doch möge erwähnt werden, dass ein Geschiebe von Bellevue bei Kiel dem Gestein des Sölvsbergs in Gran recht ähnlich sieht und sehr wohl von dort stammen kann.

Pyroxenit.

Das braunschwarze Geschiebe von Schulau zeigt makroskopisch in einer dichten Grundmasse nur Pyroxeneinsprenglinge. Mikroskopisch erweist es sich aus Erz, relativ grossem und reichlichem Apatit, vor allen anderen Gemengtheilen vorherrschendem Pyroxen, reichlichen kleinen Biotitblättchen und einem farblosen, stark zersetzten Mineral bestehend.

Die Erzkörnchen sind reichlich vorhanden, sowohl in Form kleiner Körner, als grösserer lappiger Einsprenglinge. Apatit kommt verhältnissmässig reichlich in Form grosser bestäubter Säulen vor. Pyroxen ist anscheinend in drei Generationen vorhanden. Die grossen Einsprenglinge erreichen bei kurz säulenförmiger Gestalt 5 mm Länge. Sie sind zonar gebaut, umschliessen oft Apatitkrystalle, sind sehr gut bis gut begrenzt. Fast ausnahmslos erscheinen sie nach dem Orthopinakoid polysynthetisch mit breiten Lamellen verzwillingt. Der Pleochroismus ist deutlich, Axenfarben sind für *a* graubraun, für *b* gelblichbraun, für *c* braun mit Stich in's Violette. Auslöschung wurde bis 45° gemessen.

Anscheinend zweiter Generation sind kleine, längere, quer gegliederte, nicht pleochroitische Augitsäulen mit hohen Auslöschungsschiefen. Zwillinge wurden nicht beobachtet. Ein dichtes Gewirre hellbrauner Nadeln, die bis haarfein, an den Enden oft ausgefranst

---

[1]) Dr. Fritz Wiggers. Zur Kenntniss des Diluviums der Umgegend von Lüneburg. Zeitschrift für Naturwissenschaften. Stuttgart 1899. 72 Bd.

sind, und die einen Hauptbestandtheil der Grundmasse bilden, scheint einer dritten Pyroxen-Generation anzugehören.

Sehr reichlich sind Biotitblättchen von geringen Dimensionen vorhanden, die selten wohlbegrenzt, meist unregelmässig lappig erscheinen.

Verbunden sind die beschriebenen Gemengtheile durch einen farblosen Grund, der durch massenhafte Interpositionen bestäubt erscheint, vielfach auch zersetzt ist. In der Anordnung der schuppigen Zersetzungsprodukte und Stäubchen ist keinerlei Regelmässigkeit zu entdecken. Auch Krystallkontouren fehlen. Bei aufgesetztem Nicol scheinen einzelne gradlinige Begrenzungselemente erkennbar zu werden, und diesen Linien parallel Auslöschung stattzufinden. Die schieferblauen bis grauen Interferenzfarben lassen an Nephelin denken, doch ist das Vorhandensein dieses Minerals nicht bestimmt nachweisbar.

Herr Professor W. C. Brögger, der die Güte hatte, den Schliff anzusehen, bezeichnet das Stück als »pyroxenitartiges Ganggestein aus der Ganggefolgschaft der Essexite, wahrscheinlich von einem der Essexitvorkommen SSW von Kristiania.«

Augitporphyrit

Labradorporphyrit, Melaphyr.

Die ältesten Eruptivdecken des Christianiagebiets sind recht verschieden entwickelt, bald als Augitporphyrite, bald als Labradorporphyrite oder auch als Melaphyre. Schon auf kleinerem Raume hat man Gelegenheit diese Mannigfaltigkeit zu beobachten, z. B. bei Holmestrand, wo man an dem steilen Absturz absolut dichte, dann allein mit Augiteinsprenglingen und schliesslich auch mit Feldspatheinsprenglingen versehene Gesteine trifft.

Es ist zu erwarten, dass die Gesteine dieser ältesten Eruptivdecken im Diluvium Schleswig-Holsteins vertreten sind, doch erschwert der Umstand, dass ähnliche Gesteine vielerorts in Schweden auftreten, die Bestimmung. Ich habe mehrfach Geschiebe untersucht, die Vorkommnissen aus dem Christianiagebiet recht ähnlich sahen.

Mit einiger Wahrscheinlichkeit lassen sich auf das engere Gebiet des Christianiabeckens 2 hierher gehörige Geschiebe von Schulau beziehen, weil sie Einschlüsse des die Decken des Christianiagebiets unterlagernden rothen Sandsteins enthalten.

Das eine, ein Labradorporphyrit, enthält grosse Plagioklasleisten in einer Grundmasse, die allein Feldspathleisten bestimmen lässt. Die Leisten sind von einer meist ganz schwarzen Masse umhüllt, die einer dichten Anhäufung von Erzkörnchen, die anscheinend sekundär sind — das ganze Gestein ist stark zersetzt — ihre dunkle Farbe verdankt. Wo die Erzkörnchen weniger dicht gehäuft sind, erscheint zwischen ihnen eine farblose, bei gekreuzten Nicols Aggregatpolarisation zeigende Masse. Die Einsprenglinge sind scharf begrenzt, sie sind oft parallel den Zwillingsgrenzen mit zahlreichen Erzpünktchen versehen. Die kleineren Feldspathe der Grundmasse sind z. T. scharf begrenzt, z. T. sind die Leisten an den Enden gegabelt oder ausgefranst.

Mandelräume sind mit Calcit und Epidot erfüllt.

Das zweite Geschiebe von Schulau unterscheidet sich von dem ersten, mit dem es einen Sandsteineinschluss theilt, durch den Reichthum an Augiteinsprenglingen, deren Frische gegenüber der starken Zersetzung des Gesteins stark auffällt. Feldspatheinsprenglinge und Grundmasse gleichen dem ersten Geschiebe, doch sind in der Grundmasse mehrfach kleine, wohlbegrenzte Olivinkrystalle erkennbar, die aber, namentlich an den scharfen Umrissen, breite Zersetzungsränder zeigen. In rundlichen oder unbestimmt begrenzten Mandelräumen findet sich Epidot und etwas Quarz. Das Gestein ist nach dem petrographischen Befunde als Melaphyr zu bezeichnen.

Mir sind die schwedischen Augitporphyrite und Melaphyre nicht aus eigener Anschauung bekannt, und ist es möglich, dass dort gleiche Gesteine vorkommen. Wenn für die vorliegenden das Christianiagebiet als muthmassliche Heimath bezeichnet wurde, so gründet sich diese Angabe neben der allgemeinen Aehnlichkeit besonders auch auf die Sandsteineinschlüsse.

Eine gewisse Unsicherheit bleibt also bestehen.

Strahlsteinfels

(Metamorphosirter Augitporphyrit?)

Ein Geschiebe von Dahme (an der Ostküste Ostholsteins) ähnelt makroskopisch betrachtet einem feinkörnigen Diabas.

Mikroskopisch erweist es sich aus Magnetit, Titanit, Apatit, Plagioklas, strahlsteinartiger Hornblende und braunem Glimmer zusammengesetzt, die Struktur ist porphyrisch.

Magnetit kommt in grossen lappigen Parthien und kleinen gut begrenzten Krystallen vor, Apatit in relativ grossen, z. T. unregelmässig begrenzten Krystallen. Titanit ist stellenweise reichlich vorhanden, z. T. gut und vorzüglich idiomorph. Der braune Glimmer, stark pleochroitisch, erscheint häufig, doch sehr ungleich vertheilt. Die Blättchen zeigen fast nie krystallographische Kontouren.

Hauptbestandtheil ist ein strahlsteinartiger Amphibol, der zwischen grasgrün, gelblich grasgrün und seegrün pleochroitisch erscheint, die Umrisse der Einsprenglinge sind stets unregelmässig, der Aufbau aus stengeligen Aggregaten verräth deutlich, dass Paramorphosen vorliegen. Am Rande sind neugebildete verworren strahlige Aggregate von Strahlstein angewachsen. An Einschlüssen beherbergen die Strahlsteineinsprenglinge zahlreiche Erzkörnchen, central oder roh zonar angehäuft; ferner Gebilde, die zuerst farblosen Glaseiern gleichen, doch polarisiren dieselben. Ihr Brechungsquotient ist niedriger als der des umschliessenden Amphibols. An Stelle der Libellen beherbergen sie Erzkörnchen.

Plagioklas kommt nicht reichlich in grösseren, unregelmässigen, von Amphibolnadeln durchspickten Körnern vor.

Diesen Einsprenglingen tritt eine vorherrschend aus dicht gedrängten Strahlsteinsäulchen zusammengesetzte Grundmasse gegenüber. Sie erscheint sehr ungleich, stellenweise sind die Amphibole fast allein herrschend, an anderen Stellen sind sie durch farblose Parthien getrennt und dann sehr schön scharf begrenzt. Die farblose Zwischensubstanz ist z. T. Quarz, der gelegentlich scharf sechsseitig umgrenzt ist, spärlicher ein trüber Feldspath, anscheinend Orthoklas und noch seltener klarer Plagioklas.

W. C. Brögger [1]) beschreibt umgewandelte Augitporphyrite vom Langesundfjord. Die Beschreibung stimmt nicht genau auf unser Geschiebe, doch ist der eigenthümliche Charakter ganz derselbe. Die Mannigfaltigkeit der möglicherweise dort vorkommenden Strahlsteinfelsen ist anscheinend durch die Brögger'sche Beschreibung nicht ganz erschöpft, wie aus der Darstellung selbst hervorgeht. Wo Augitporphyrit mit Laurvikit zusammentrifft, zeigt sich die eigenthümliche Metamorphose des ersteren, die natürlich mit der wechselnden Zusammensetzung des ursprünglichen Augitporphyrits wechselnde Ergebnisse haben muss.

Herr Professor Brögger hatte die Güte, das Geschiebe zu untersuchen. Er schreibt mir, dass es möglicherweise einem metamorphosirten Intrusivganggestein aus der Gegend des Langesundfjord entstammt.

---

[1]) W. C. Brögger. Spaltenverwerfungen in der Gegend von Langesund-Skien. Nyt Magazin for Naturvidenskab. XXVIII. 1884. pag. 357 ff.

Laurvikit

(Augitsyenit, Zirkonsyenit).

Zwischen dem Langesundfjord und Tönsberg bildet der Laurvikit auf einer Fläche von ca. 800 qkm das herrschende Gestein.

Das Hauptgestein, wie es in unmittelbarer Nähe von Laurvik ansteht, ist heller oder dunkler perlgrau, besonders charakteristisch sind die Formen der Feldspathe, deren Durchschnitte gleich den Einsprenglingen der Rhombenporphyre spitzrhombisch erscheinen. Stellenweise ist die Farbe abweichend. Bei Tönsberg, wo sich Uebergänge in Rhombenporphyr beobachten lassen, erscheint das Gestein roth, bei Frederiksvärn und an mehreren Stellen westlich von Laurvik, an der Strasse nach Brevik erscheint das Gestein, z. B. bei Pauler und Vasbotn, dunkel, fast schwarzgrün. Die Struktur des Laurvikit ist nicht überall dieselbe. Westlich von Laurvik, bei Sky kommen feiner körnige, granitähnlich struirte Varietäten vor; durch subparallele Schlieren von an Bisilikaten reicherer und ärmerer Substanz können gneissähnlich aussehende Formen entstehen, z. B. am Farrisvand. Bei Sky fand ich Blöcke von der Zusammensetzung des Laurvikit von ganz heller Farbe, ziemlich glimmerreich, die bei sehr grobkörniger Struktur mehr rectanguläre Durchschnitte der Feldspathe zeigen.

Entsprechend diesen verschiedenen Varietäten des Anstehenden sind auch die Laurvikitgeschiebe recht mannigfaltig.

Unter den Geschieben des Hamburgischen Naturhistorischen Museums findet sich normaler, grauer Laurvikit in zwei Stücken von Røgleklint auf Fünen, in einem Stück von Strib (Fünen), von Vildsund auf Mors, einem Stück von Thisted im nördlichen Jütland, ferner von Nøvling bei Aalborg, Albäckhoved bei Aalborg, Skyum in Jütland, (mit farbenschillerndem Feldspath), Sylt, Uetersum auf Föhr, Schulau.

Die dunkle Abart, deren Heimath in Frederiksvärn oder anderen Gegenden des westlichen Laurvikitgebiets zu suchen ist, wird repräsentirt durch zwei Stücke von Nøvling bei Aalborg, eins von Skyum, eins von Aarhus (mit farbenschillerndem Feldspath), eins von Schulau, eins von Hamburg und eins von der Sternschanze in Hamburg.

Ein Geschiebe von Schulau gehört zu einer hellen, grobkörnigen Varietät, die durch die rectanguläre Gestalt der Feldspathdurchschnitte eine mehr granitische Struktur zeigt. Durch seinen relativ bedeutenden Gehalt an Glimmer, der schon makroskopisch hervortritt, nähert es sich dem Pulaskit. Ein übereinstimmendes Vergleichsstück hatte ich von einem losen Block, der westlich von Laurvik, an der Landstrasse nach Brevik, lag.

In der Kieler Sammlung fand ich den normalen, hellgrauen Laurvikit durch Stücke von Kiel und Flensburg vertreten.

Laurdalit
(grobkörniger Eläolithsyenit).

Der Laurdalit ist in ganz vorzüglicher Weise als Leitgeschiebe verwerthbar. Er ist leicht kenntlich und ist in seinem Vorkommen auf ein zusammenhängendes, ca. 60 qkm grosses Gebiet beschränkt. Er erscheint westlich des Laagenthals im Norden von Larvik inselartig in dem ausgedehnten Augit- und Glimmersyenit.

Als Laurdalit konnten bestimmt werden ein Geschiebe von Nøvling bei Aalborg, das dieselbe eigenthümliche, durch Auswitterung des Nephelins entstandene, zerfressene Oberfläche zeigt, wie die am Laagen anstehenden Felsen und ein kleines, dieselben Kennzeichen tragendes Geschiebe von Stenodde auf Amrum.

Ein Stück von Itzehoe, das gleich den beiden genannten aus dem Laurdalitgebiet des Laagenthals stammt, fand sich unter Verhältnissen, die es als nicht ausgeschlossen erscheinen lassen, dass es von Schiffsballast herrührt. Unwahrscheinlich ist es indessen deshalb, weil der Laurdalit mehrere Kilometer von dem nächsten Hafenplatz, Laurvik, entfernt ansteht.

Foyait
(Trachytoider Eläolithsyenit).

Als Foyaite bezeichnete Brögger im Zusammenhang mit dem Laurdalit auftretende Ganggesteine, die in Folge von tafelartiger Ausbildung des Feldspaths trachytoide Struktur besitzen, im übrigen aber im wesentlichen dieselbe Mineralkombination wie der Laurdalit zeigen.

Ein kleines Geschiebe von Skyum in Jütland stimmt makroskopisch genau mit Stücken überein, die ich bei Brathagen im Laagenthal sammelte. Die reichlich vorhandenen Eläolithe sind an der Geschiebeoberfläche tief ausgewittert, so dass die tafelige Entwicklung des Feldspaths und die trachytoide Struktur deutlich hervortreten.

Der herrschende Gemengtheil ist ein unter dem Mikroskop intensiv grau bestaubt erscheinender Feldspath, merkwürdig ist, dass die Bestäubung viel intensiver ist, als die Betrachtung mit blossem Auge erwarten lässt. Zum grössten Theil ist es ein Mikroperthit von Orthoklas mit spitz auskeilenden Lamellen von Albit, der mehrfach in Karlsbader Zwillingen erscheint. Seltener wurde gegitterter Mikroklin beobachtet. Nächst dem Feldspath ist Nephelin in wasserhellen grossen, allotriomorphen oder hypidiomorphen Krystallen der Hauptgemengtheil. Zwischen den grösseren Krystallen von Nephelin und Feldspath treten als eine Art Grundmasse mikropegmatitähnliche Verwachsungen beider Mineralien auf.

An Bisilikaten besitzt der Schliff nur Aegirindiopsid, der schlecht begrenzt erscheint. Aggregirt mit demselben tritt Titanit reichlich auf, zum Theil in schön begrenzten Krystallen.

An der Herkunft aus dem Laagenthal ist nicht zu zweifeln.

Nordmarkit

(Quarzführender Glimmersyenit).

Als Nordmarkit bezeichnete Brögger hellröthliche, fleischrothe oder röthlichgraue, meist mittel- bis feinkörnige Syenite, die namentlich im Norden von Christiania bis zum Mjösensee das herrschende Gestein sind, aber auch am Ekernsee und westlich vom Laagen, bis nahe an den Nordsjö heran, in ausgedehnten Gebieten vorkommen.

Sie sind besonders reich an Feldspath, Orthoklas, oft von Albit mikroperthitisch durchwachsen, Mikroklin und Oligoklas. Die Feldspathe erscheinen vielfach durch feine staubförmige Interpositionen getrübt, denen sie ihre rothe Farbe verdanken. Bisilikate sind untergeordnet vorhanden, vorherrschend ist Glimmer, brauner Biotit, daneben finden sich Amphibole und Pyroxene in verschiedenen Varietäten. Ein sehr konstanter Gemengtheil ist Titanit, oft in schönen Krystallen, Quarz kommt regelmässig, doch meist untergeordnet vor. Besonders charakteristisch sind kleine miarolithische Hohlräume, in welche die Gemengtheile mit spitzen Enden hineinragen.

Es ist überraschend, dass dieses leicht kenntliche und im Christianiagebiet so verbreitete Gestein bisher nicht häufiger als Geschiebe aufgefunden wurde. Es mag das daran liegen, dass das Gestein auf der Verwitterungsoberfläche ganz granitisch aussieht.

Herrn Professor Wichmann verdanke ich ein Geschiebe von Oudenbosch, das sicher aus dem Kristianiagebiet stammt. Wenn ich auch kein genau übereinstimmendes Stück zum Vergleich heranziehen konnte, kann doch an der Herkunft von dort nach der Zusammensetzung nicht gezweifelt werden. Ein makroskopisch ähnliches Stück fand ich als Geschiebe im Laagenthal.

Das Gestein ist mittelkörnig, röthlichgrau, nur Feldspath und ganz spärliche Glimmerblättchen sind erkennbar. Einzelne miarolithische Hohlräume finden sich.

Im Schliff erweist sich der Feldspath stark getrübt, nur stellenweise klar. Vorherrschend ist ein Orthoklasmikroperthit, der z. T. Karlsbader Zwillinge bildet. Daneben findet sich ein fein gestreifter Plagioklas und gegitterter Mikroklin, auch letzterer zum Theil mit perthitischen Adern durchzogen. Die Feldspathe sind nicht selbstständig begrenzt.

Quarz findet sich untergeordnet in grösseren und kleineren Körnern, die sich gern in Haufen und Schnüren zusammenfinden.

Der Glimmer ist braun, stark pleochroitisch, mit Höfen versehen, stets schlecht begrenzt, oft ausgefranst und gebogen. An Einschlüssen beherbergt er Erz und Titanit, auch feine Rutilnadeln. Titanit ist ungemein reichlich vorhanden. Neben unregelmässigen Körnern kommen modellgleich ausgebildete Krystalle vor. Sie gruppiren sich gern mit den Erzen um den Glimmer. Die Erze finden sich in kleinen zierlichen Kryställchen und grösseren schlecht begrenzten Körnern. Ab und zu werden sie von Titanit eingeschlossen. Apatit ist spärlich vorhanden. Vereinzelt wurde Zirkon beobachtet.

Ausser dem Nordmarkit zeigt kein Gestein diese Zusammensetzung. Herr Prof. Brögger bestätigte die Bestimmung.

Echter, grobkörniger, rother Nordmarkit liegt auch vor in einem Geschiebe von Nøvling bei Aalborg; sowie in einem mittelkörnigen, grau röthlichen Geschiebe von Hamburg.

Das hamburgische Geschiebe, makroskopisch ganz dem normalen Nordmarkit, wie er im Norden von Christiania auftritt gleichend, ist durch den Besitz ziemlich grosser, fast 1 cm langer, makroskopisch bestimmbarer Zirkonkrystalle (Prisma mit Deuteropyramide) ausgezeichnet. Nach Brögger wurde Zirkon in grossen Krystallen bisher nicht im Nordmarkit beobachtet. Dass ein echter Nordmarkit vorliegt, beweist neben dem makroskopischen Aussehen die mikroskopische Untersuchung. Unter den Bisilikaten herrscht stark pleochroitischer brauner Glimmer, daneben findet sich ein hellgraugrüner, lückenhaft ausgebildeter, schwach pleochroitischer Diopsid. Apatit und Erze sind reichlich vorhanden, auch Titanit kommt in ansehnlichen Krystallen relativ reichlich vor. Das bei weitem vorherrschende Mineral ist

Feldspath, der sich als Orthoklasmikroperthit (vorherrschend), Mikroklinmikroperthit und Oligoklas (untergeordnet) bestimmen liess. Quarz ist vorhanden.

In einem aus der Umgegend von Kiel stammenden Geschiebe liegt nach der freundlichen Mittheilung von Herrn Prof. Brögger »wahrscheinlich eine Grenzfacies eines hornblendeführenden Nordmarkits aus dem Christianiagebiet« vor. Ein ähnliches Stück fand ich als Geschiebe zwischen Kvelle und Kvelsvik im Laagenthal.

Das dunkelröthlich graue Geschiebe zeigt zahlreiche lebhaft glänzende Feldspathe in einer an Menge den Feldspathen gegenüber stark zurücktretenden sehr feinkörnigen, den Feldspathen fast gleich gefärbten, stellenweise heller röthlich grauen Grundmasse. Die Struktur ist in Folge der nicht scharfen Begrenzung der Feldspathe gegenüber der Grundmasse nicht eigentlich als porphyrisch zu bezeichnen, sondern bildet einen Uebergang zwischen körniger und porphyrischer Struktur.

Unter dem Mikroskop erweisen sich sämmtliche Gemengtheile, von den accessorischen abgesehen, als vollständig allotriomorph begrenzt.

Stark vorherrschend ist Feldspath, dessen grössere Krystalle zuweilen Zonenaufbau, bedingt durch dichtere und weniger dichte Anhäufung der Interpositionen, zeigen. Unter diesen herrschen staubförmige Partikelchen, in zahlloser Menge treten auch kleine scharf begrenzte gelbliche Kryställchen auf, deren Umrisse in Längs- und Querschnitten, sowie die geringe Auslöschungsschiefe vermuthen lassen, dass ein Pyroxen, wahrscheinlich Aegirin vorliegt. Unter den grossen Feldspathen herrscht Orthoklasmikroperthit vor, meist Plagioklas mit mit Orthoklaslamellen durchwachsen, ferner findet sich Mikroklinmikroperthit. Die Grundmasse, welche die grösseren Gemengtheile verkittet, setzt sich aus einem Mosaik von unregelmässig begrenzten Orthoklas-, Mikroklin-, Perthit- und Quarzkörnern zusammen.

Hornblende, die unter den Bisilikaten herrscht, kommt in grösseren und kleinen Körnern als stark pleochroitische — dunkelgrün und gelblich — gemeine Hornblende und schwach pleochroitische, grün und blaugrün, arfvedsonitische Hornblende vor. Viele Durchschnitte zeigen zonalen Aufbau, indem der Rand bedeutend dunkler erscheint als der nicht scharf abgesetzte Kern. Die Umrisse sind ganz unregelmässig, lappig, nach keiner Seite krystallographisch bestimmt, Apatit und Feldspath durchdringen die Hornblende. Biotit tritt in dünnen, spitz ausgezogenen Flasern, die gern zu Putzen und Schnüren gehäuft sind, auf, einzeln auch in grösseren unregelmässig gestalteten Blättern. Diese umschliessen selten feine lange dunkle Nadeln, die sich unter

60° schneiden, häufiger gelbe Titanitkörner. Apatit ist ziemlich reichlich vorhanden, vereinzelt in recht grossen Krystallen, Titanit ausserhalb der Biotitblätter nur spärlich. Erze in regelmässig gestalteten Krystallen sind gleichförmig vertheilt und im Vergleich zu den normalen Nordmarkiten reichlich vorhanden. Ein Theil der Krystalle enthält Titanit randlich angewachsen.

Rhombenporphyr.

Es ist bereits mitgetheilt, dass die Rhombenporphyre, charakterisirt durch die spitz rhombischen Durchschnitte der in einer feinkörnigen bis dichten Grundmasse auftretenden Feldspatheinsprenglinge, in dem Eruptivgebiet von Christiania eine weite Verbreitung als Decken und Gänge besitzen.

Nach Brögger gehören zu dem mit diesem Namen bezeichneten Gestein eine ganze Reihe verschiedener Gesteinstypen. Neben der vorzugsweise in Form von Decken auftretenden porphyrischen Facies der Laurvikite kommen, besonders in Form von Gängen, Gesteine vor, die den anderen Syeniten des Christianiagebiets zuzurechnen sind, auch eine rhombenporphyrische Facies der Essexite ist bekannt geworden.

Ich sammelte neben anderen Gesteinen auch Rhombenporphyre verschiedener Varietäten im Christianiagebiet. Der Umstand indessen, dass mein Vergleichsmaterial naturgemäss nicht entfernt alle vorkommenden, zu den Rhombenporphyren gerechneten Typen umfasst, und dass eine ausführliche Bearbeitung der anstehenden Rhombenporphyre noch zu erwarten ist, verbietet, die bei uns vorkommenden Geschiebe genauer zu bestimmen und bestimmten Lokalitäten innerhalb des Christianiagebiets zuzuweisen. Auch ist es für die Zwecke dieser Arbeit nicht nothwendig, die Geschiebe auf ein engeres Heimathsgebiet als das Christianiasilurbecken zu beziehen. Aus diesem Grunde wurden auch die Rhombenporphyrgeschiebe allermeist nur makroskopisch bestimmt.

Unter unseren Geschieben sind die mannigfachsten Varietäten vertreten. Nach der Struktur lassen sich feinkörnige und dichte, sowie mandelsteinartige Formen unterscheiden — die dichten Formen herrschen unbedingt vor. Auch in Bezug auf die Farbe sind die Geschiebe recht wechselnd, es finden sich schwarze, grauschwarze, rothbraune, braune, rothe und rostgelbe Stücke. Neben solchen, die vorherrschend aus den Feldspatheinsprenglingen bestehen, kommen andere vor, bei denen die Grundmasse bei weitem vorherrscht. Die Grösse der Geschiebe wechselt meist von Faust- bis Walnussgrösse. Wie bereits an früherer Stelle gesagt, scheinen ganz grosse Geschiebe bei uns selten zu sein, nur einige wenige Stücke übersteigen die Faustgrösse um ein Bedeutendes.

In der Geschiebesammlung des hamburgischen Naturhistorischen Museums sind Stücke von nachstehenden Fundorten niedergelegt:

In Dänemark:

Lönstrupklint, Vendsyssel, 2 Stücke; Ostervandetsjö, nördlich Thisted;

Klittmöller, nördlich Thisted, 4 Stücke;

Nøvling bei Aalborg, 4 Stücke; Aalborg; Grenaa 2 Stücke; Aarhus, 3 Stücke;

Friedericia;

Rögleklint auf Fünen, 3 Stücke;

Esbjerg; Küste bei Hjerting, nordwestlich Esbjerg.

In Schleswig-Holstein:

Rothes Kliff auf Sylt, 9 Stücke; Steenglud auf Hörnum, Sylt;

Ütersum auf Föhr, 2 Stücke; Steenodde auf Amrum, 2 Stücke;

Jerpstedt an der Westküste Nordschleswigs; Anslet, südlich der Heilsminder Bucht, 2 Stücke; Gravenshoved bei Heilsminde; Knudshoved bei Apenrade; Sommerstedt; Mummark auf Alsen; Kiesgrube bei Nordschleswiger Weiche, westlich Flensburg; Decksand von Ost-Bordelum, nördlich Bredstedt; Haby, S. O. Schleswig; Fockbeck bei Rendsburg; Heide in Norderdithmarschen; Kuden in Süderdithmarschen; Blankenese bei Kuden; Itzehoe; Nordoe bei Itzehoe; Lieth bei Elmshorn; Düne von Helgoland.

Schulau, 14 Stücke; Wittenbergen; Kiesgruben bei Bahrenfeld, 10 Stücke; Bauersberg bei Blankenese;

Der beiden in Hamburger Tiefbohrungen gefundenen Stücke wurde bereits oben gedacht.

Travemünde; Brothener Ufer bei Travemünde, 4 Stücke; Fehmarn; Plön; Lauenburg; Lüneburg.

In der Sammlung von O. Zeise befanden sich Stücke von Kiel; Itzehoe; zwischen Burg und Heide; Burg in Dithmarschen; Uetersum auf Föhr.

In der Sammlung der Kieler Universität fand ich Stücke von Kiel, Korügen an der Kieler Bucht (unterer Geschiebemergel) und Hald bei Viborg in Jütland.

Grorudit.

Von diesem Ganggestein, das im N und NO von Christiania und im Laagenthal ansteht, liegen zwei Geschiebe vor.

Das eine Geschiebe, einer Kiesgrube am Schiessstande bei Bahrenfeld entstammend, erscheint hellgrau, mit einem Stich ins grünliche, mit einzelnen dunklen nadelförmigen oder säulenförmigen Einsprenglingen von Aegirin. Nur undeutlich treten schlecht begrenzte grössere Feldspathe hervor.

Unter dem Mikroskop erscheint vorherrschend eine Grundmasse, die hauptsächlich aus kurzen dicken Aegirinkrystallen von theilweise modellgleicher Ausbildung neben Quarz und kurz rectangulären oder unregelmässigen Feldspathkörnchen besteht. Ziemlich zahlreich sind grössere moirirte Feldspatheinsprenglinge in unregelmässiger Begrenzung. Seltener finden sich Aegirineinsprenglinge, z. T. Zwillinge. Sie sind oft zonar gebaut und zeigen die gewöhnlichen Einschlüsse.

Vereinzelt findet sich Quarz in grossen einheitlich auslöschenden Körnern. Man hat den Eindruck, dass es sich um Körner handelt, die aus durchbrochenem Gestein mitgenommen und durch das Groruditmagma, das Einbuchtungen bildet, corrodirt wurden.

Nach einer freundlichen Mittheilung von Herrn Prof. Brögger, der die Bestimmung bestätigte, stimmt das Geschiebe mit Groruditvorkommnissen des westlichen Laagenthals überein.

Das zweite Groruditgeschiebe (in der Kieler Sammlung befindlich) ist dunkel graugrün, zeigt porphyrisch eingestreut abgerundete weisse Feldspathe und schwarze Aegirinnadeln. Schon makroskopisch ist es als Grorudit erkennbar.

Unter dem Mikroskop liessen sich die eingesprengten Feldspathkrystalle als Mikroklinmikroperthit bestimmen. Sie sind mehr oder weniger scharf begrenzt, oft stark mit kleinen hellgelblichen Kryställchen erfüllt, die sich nicht sicher bestimmen liessen, aber anscheinend dem Aegirin zuzurechnen sind. Der Rand der Einsprenglinge ist, ebenso wie die Feldspathe der Grundmasse, von einem dichten Filz von grünen Aegirinhäärchen umgeben, die sich vielfach in das Innere der Krystalle hineinerstrecken. Aegirin tritt in säulenförmigen Einsprenglingen auf. Es finden sich alle Grössen, von den grossen Einsprenglingen bis zu den kleinsten Krystallen. Die Feldspathe der

Grundmasse sind rectangulär begrenzt, mit paralleler Auslöschung. Quarz ist reichlich vorhanden, doch in ungleicher Vertheilung, oft erscheinen mehrere Körner zusammengehäuft, an anderen Stellen fehlt er wieder. Durch seine relative Freiheit von Einschlüssen hebt er sich schon im gewöhnlichen Licht deutlich von den Feldspathen ab.

Das Stück entspricht genau dem im Laagenthal anstehenden Kallerudtypus des Grorudit.

Gesteine der Diabasgruppe.

Was ich an Diabasen im Christianiagebiet gesehen habe – jedenfalls ist dies nur ein kleiner Theil der angeblich nach Hunderten zählenden Gänge — ermuthigt im Allgemeinen nicht dazu, diese Gesteine auf ihre Brauchbarkeit als Leitgeschiebe mit schwedischen Vorkommnissen zu vergleichen. Sie scheinen wenig Charakteristisches zu besitzen.

Aber einige durch Metamorphose veränderte Gesteine bieten Eigenthümlichkeiten besonderer Art.

Ueber ein Geschiebe von Lauenburg, das makroskopisch als dichter, bräunlicher Diabas erscheint, theilte Herr Professor Brögger mir mit, dass es ein praegranitisches Ganggestein der Diabasporphyritreihe sei, welches durch Einwirkung der postsilurischen Granite kontaktmetamorphosirt ist, wahrscheinlich aus der Gegend von Drammen.

Das überaus charakteristische Gestein ist unter dem Mikroskop porphyrisch, doch ist diese Struktur nicht sehr auffallend.

Vorherrschend ist Plagioklas in Leisten und grösseren nach allen Richtungen gleichmässig ausgebildeten Körnern, die durchweg nicht scharf begrenzt sind. Durch zahllose Interpositionen bräunlich bestäubt, gleichen sie den braunen Feldspathen mancher schwedischen Diabase und Gabbros. Oft sind die Stäubchen zonar geordnet, in den gestreiften Durchschnitten parallel den Zwillingsgrenzen. Neben Stäubchen finden sich auch zahllose feinste Stäbchen.

Erz ist in unregelmässig begrenzten Parthien reichlich vorhanden, oft umgeben von rundlichen und elliptischen sehr stark lichtbrechenden gelblichen Körnchen, die nur vereinzelt grössere Dimensionen annehmen. Die Interferenzfarben sind sehr hoch, doch da Spaltrisse und Umgrenzungen krystallographischer Natur fehlen, ist genaue Bestimmung unmöglich. Es scheint Titanit vorzuliegen.

Reichlich vorhanden ist auch Pyroxen in hellgrauvioletten Durchschnitten, randlich mit schmalem Erzsaum umgeben, der auf den Spaltrissen ins Innere eindringt. Feine Bestäubung ist auch hier vorhanden. Die Umgrenzung ist nicht scharf, Auslöschung wurde bis 45° gegen die Spaltrisse gemessen. Sekundäre Quarzkörner erscheinen ungleichmässig vertheilt.

Die Zwischenräume zwischen den Feldspathen und Augiten werden neben den Erzen und Titaniten (?) von zahllosen bräunlichen Biotitblättchen, die selten krystallographisch begrenzt erscheinen, ausgefüllt.

Ein mit dem beschriebenen übereinstimmendes Geschiebe fand ich unter den von H. O. Lang untersuchten Gesteinen aus der Umgegend von Bremen.

Vielleicht hierher — zu den kontaktmetamorphosirten Diabasen — gehört, nach einer Mittheilung von Herrn Professor Brögger, ein Geschiebe von Schulau, das makroskopisch einem Diabasporphyrit vom Oejetypus ähnlich sieht.

Die Plagioklaseinsprenglinge, mehr als 1 cm lang, sind scharf begrenzt. Starke Zersetzung macht die Zwillingsstreifung undeutlich. Sie sind braun bestäubt, zahlreiche Blättchen und Stäbchen, z. T. als Biotit bestimmbar, sind eingeschlossen. Mehrfach finden sich Umrisse, die an Pyroxenformen erinnern, die indessen bei ihrer Unschärfe auch anderen Mineralien zugerechnet werden könnten, erfüllt mit Quarzkörnchen und Biotit, sowie Erzkörnchen. Auch Schnüre von einem braunen glimmerartigen Mineral winden sich zwischen den Quarzkörnern hindurch. —

Erzkörner, auch grössere, finden sich vielfach, sind aber nie von dem titanitartigen Mineral des Lauenburger Geschiebes begleitet. Die Grundmasse besteht aus farblosen Leisten von Plagioklas, grünlichbraunen Biotitblättern, viel Erz und kleinen feinen Nadeln (Apatit?) Unveränderter Pyroxen war nicht zu entdecken.

In Schleswig-Holstein gehören Geschiebe aus dem Christianiagebiet zwar nicht zu den häufigsten, so doch zu den ganz charakteristischen Erscheinungen, die nicht übersehen werden können. Man kann ziemlich sicher sein, z. B. am Schulauer Ufer oder in den Bahrenfelder Kiesgruben, auf jeder Exkursion ein oder mehrere Geschiebe aus dem Christianiagebiet zu finden.

Wir können nicht umhin, einen über die cimbrische Halbinsel strömenden, vom Christianiafjord ausgehenden Eisstrom anzunehmen.

Zu welcher Zeit dieser Eisstrom bestand, darüber geben uns die Untersuchungen dänischer Geologen Aufschluss. Wenn Zeise dem unteren [1]) Geschiebemergel direkt nur zwei Rhombenporphyre entnahm, so war es vorsichtig, wenn er noch keine weitergehenden Schlüsse daraus zog. Rördam und andere haben, wie oben gesagt wurde, den Beweis dafür geliefert, dass, wie auch Gottsche [2]) vermuthete, die Rhombenporphyre auf den unteren Geschiebemergel beschränkt sind, wenigstens nur dort sich auf primärer glacialer Lagerstätte befinden. In gleicher Weise erklärt sich die Beobachtung Zeises, dass die Rhombenporphyre im Westen der Provinz — wo die Ablagerungen der letzten Eiszeit fehlen — häufiger sind, als im Osten, wo die Ablagerungen des Haupteises von denen der letzten Vereisung bedeckt wurden, wo man also im Allgemeinen nur in den tieferen Einschnitten Aussicht hat, solchen Geschieben zu begegnen.

Ueberall, wo Rhombenporphyre liegen, finden wir auch schwedische Geschiebe, letztere in grösserer Anzahl als norwegische. Eine einleuchtende Erklärung wurde bereits von Milthers gegeben: die vom Christianiagebiet herabkommenden Eismassen mussten, falls die Vereisung von dem ganzen skandinavischen Gebirge gleichzeitig ausging, die cimbrische Halbinsel eher erreichen, als die von Dalarne und noch weiter nördlich gelegenen Gebieten ausgehenden Eismassen. Sobald diese die cimbrische Halbinsel erreichten, wurden die Moränen der ersten Eismassen aufbereitet, mit den Moränen schwedischen Ursprungs vermischt. Die grössere Häufigkeit schwedisch-baltischen Minerals spricht für längere Dauer des aus Nordosten nach Südwesten gerichteten Transports.

Es kann keinem Zweifel unterliegen, dass die Geschiebe aus dem Christianiagebiet in Jütland und auf den dänischen Inseln zahlreicher sind, als in Schleswig-Holstein. Von Lüneburg, einem Ort, der das Hamburgische Museum mit nicht wenig Geschieben versehen hat, und dessen Umgebung von F. Wiggers nach charakteristischen Geschieben durchforscht wurde, liegen nur zwei Rhombenporphyre vor. In Oldenburg und Holland sind norwegische Geschiebe zweifellos selten.

---

[1]) Hier und in Folgendem ist unter unterem Geschiebemergel nur derjenige verstanden, der der Hauptvereisung entstammte. Von dem ältesten ist noch zu wenig bekannt, als dass er berücksichtigt werden könnte.

[2]) C. Gottsche. Die Endmoränen und das marine Diluvium Schleswig-Holsteins. II. Theil. Mitth. d. geogr. Gesellschaft in Hamburg. XIV. 1898. Pag. 10.

Da vom Christianiagebiet nach Südwesten, nach Yorkshire, und nach Süden, nach Hamburg, Geschiebe befördert wurden, so ist die Annahme berechtigt, dass auch in den Zwischenrichtungen Geschiebetransport erfolgt. Die Seltenheit der Geschiebe südlich vom 53. Parallelkreis sagt uns, dass ungefähr in diesem Parallelkreis die Südgrenze der Verbreitung liegen wird, die nur in vereinzelten Fällen überschritten wurde.

Die charakteristischen Christianiagesteine, die Rhombenporphyre, die Laurdalite, Laurvikite sind nicht besonders hart. Die bei uns vorkommenden Stücke sind zweifellos sehr selten mehr als faustgross. In Norwegen findet man Glacialgeschiebe von Rhombenporphyr in sehr ansehnlichen, z. T. mächtigen Dimensionen, so dass einem recht deutlich vor Augen tritt, wie bedeutend die Abrollung ist, die die Blöcke auf dem Transport erlitten haben. Es kann auch diese Thatsache vielleicht die Seltenheit der Rhombenporphyre und ähnlicher Gesteine in Oldenburg und Holland, ihr Fehlen bei Halle und Leipzig, welche Orte doch Basalt von Norden her erhalten haben, erklären.

---

4. Gesteine aus dem Rapakiwigebiet.

Rapakiwi, Granitporphyr, Quarzporphyr von Rödön.

Litteratur über Geschiebe.

E. Cohen und *W. Deecke* [1]) geben eine Beschreibung einiger der auf Rödön vorkommenden Gesteine und eine Uebersicht über die Litteratur, das Anstehende und Geschiebe betreffend. Unter den pommerschen Geschieben sind die granitporphyrischen Ganggesteine häufiger, als die Rapakiwis.

Zu der Litteraturübersicht ist nachzutragen:

N. V. Ussing und *V. Madsen,* [2]) *A. Jessen,* [3]) *V. Madsen* [4]) erwähnen wiederholt Geschiebe von Rödöngesteinen, woraus deren

[1]) E. Cohen und W. Deecke. Ueber Geschiebe aus Neuvorpommern und Rügen. Erste Fortsetzung. Mitth. Naturw. Vereins f. Neuvorp. u. Rügen. 1896.

[2]) N. V. Ussing og V. Madsen. Beskrivelse til geol. Kort over Danmark. Kortbladet Hindsholm. Danmarks geol. Undersögelse. 1 Raekke No. 2. Kjöbnhavn 1897.

[3]) A. Jessen. Beskrivelse . . . Kortbladene Laesö og Anholt. Ibid. 1 Raekke No. 4. 1897.

— — Kortbladene Skagen, Hirshals, Frederikshavn, Hjörring og Lökken. Ibid. I. Raekke No. 3. 1899.

[4]) V. Madsen. Kortbladet Samsö. Ibid. I. Raekke No. 5. 1897.

allgemeine Verbreitung auf den dänischen Inseln zu schliessen ist. In Vendsyssel kommen sie spärlich in dem steinigen Sand des oberen Diluviums vor, ebenfalls vereinzelt in dem fluvioglacialen Diluvialgrus, der die unterste Ablagerung des oberen Diluviums darstellt. Ob mikroskopische Untersuchung erfolgte, ist nicht zu ersehen.

F. Wiggers [1]) fand bei Lüneburg Geschiebe, die den Rödönporphyren makroskopisch gleichen, mikroskopisch von ihnen abweichen.

Litteratur über Anstehendes.

P. J. Holmquist. Om Rödöomradets rapakivi och gångbergarter. Sv. geol. undersökning. Ser. C. No. 181. Stockholm 1899.

Hj. Lundbohm. Praktiskt geolog. undersökningar inom Vesternorrlands län. II. Berggrunden. Sv. geol. undersökning. Ser. C. No. 177. Stockholm 1899.

In den beiden letztgenannten Untersuchungen werden die Merkmale, durch die sich die Rödönrapakiwis von den anderen Rapakiwis aus der Umgebung des Ostseebeckens unterscheiden, angegeben, und ist die Unterscheidung wohl schwierig, doch, wie Holmquist hervorhebt, im Allgemeinen wohl durchführbar. Eine Hauptschwierigkeit besteht nach Holmquist darin, dass vielleicht in Norrland noch kleinere, bisher unbekannte Rapakiwigebiete vorkommen. Bemerkenswerth ist die Bemerkung Holmquist's, dass Varietäten vorkommen, in denen sich keine Spur von Mikropegmatit findet. Die mikropegmatitarmen Rödönrapakiwis zeigen im Allgemeinen recht deutliche Druckeinwirkungen, nämlich undulöse Auslöschung der Quarze. Doch kommt es nicht wie in den Urgebirgsgraniten zu vollständiger Zerquetschung der Quarze. Dies Merkmal ist wichtig, weil sich gleiche Erscheinungen sonst im Rapakiwigebiet nur an einem Quarzporphyr des westlichen Åland zeigten. Armuth an Mikropegmatit ist sonst im Allgemeinen den finnischen Rapakiwis eigen, nach den neueren Forschungen muss also bei mikropegmatitarmen Rapakiwis auch das Rödöngebiet in Betracht gezogen werden, dabei geben dann die Druckphänomene ein gutes Unterscheidungsmerkmal.

---

[1]) Dr. Fritz Wiggers. Zur Kenntniss des Diluviums der Umgegend von Lüneburg. Zeitschrift für Naturwissenschaften. 72 Bd. Stuttgart 1899.

Unter den Rapakiwigeschieben fand sich keines, das durch den Calcitgehalt, ein Merkmal, das für manche Rödönrapakiwistücke charakteristisch ist, mit einiger Sicherheit als von dort stammend bezeichnen liesse.

Im allgemeinen Habitus nähert sich ein Geschiebe von Kiel mehr den zum Vergleich zur Verfügung stehenden Rödön-, als den Ålandsrapakiwis. Doch kann die Herkunft von Rödön nicht als sicher angesehen werden.

Ein Geschiebe von Heide, das in seiner Zusammensetzung den Nystader Rapakiwis nahe steht, dem Mikropegmatit fehlt, zeigt undulös auslöschende Quarze und dürfte demnach hierher gehören. Doch hatte ich kein Vergleichsmaterial, um die Uebereinstimmung sicher konstatiren zu können.

Eine Zwischenform zwischen Rapakiwi und Granitporphyr stellt ein Geschiebe von Burg in Dithmarschen dar. Dasselbe steht in der Mitte zwischen 3 Handstücken von Rödön, von denen es nur unerhebliche Abweichungen zeigt, die sich kaum in Worte fassen lassen.

In der stark vorherrschenden, feinkörnigen röthlichen Grundmasse liegen einzelne grosse, mit Umrandung versehene Orthoklase, die sich nur schwach von der Grundmasse abheben. Quarz kommt in grossen rundlichen Einsprenglingen vor. Im Schliff zeigt sich vollständige Uebereinstimmung mit einem gangförmigen Granitporphyr von Rödön. Die Grundmasse ist vorherrschend mikropegmatitisch, der Quarz arm an Flüssigkeitseinschlüssen. Unter den Bisilikaten scheint nur Glimmer anwesend gewesen zu sein.

Ein Geschiebe von Wulfsdorf bei Ahrensburg, das makroskopisch einem Rödöngranitporphyr mit feinkörniger Grundmasse vollkommen gleicht, ist auch mikroskopisch nicht von demselben verschieden. Es repräsentirt den anderen Typus der Granitporphyre, deren mikropegmatitische Bildungen sich vorzugsweise auf die Umgebung der Feldspathe beschränkt, ohne dass indessen in dem Geschiebe die Grundmasse ganz frei von Mikropegmatit wäre.

Ein Granitporphyr-Geschiebe von Hamburg erscheint makroskopisch porphyrisch. In einer dichten, felsitischen, dunkel fleisch- bis braunrothen Grundmasse liegen bis über 1 cm grosse, intensiv rothe, durch ihre glatten Spaltflächen sich abhebende Feldspatheinsprenglinge, andere, zahlreicher vorhandene Einsprenglinge desselben Minerals sind kleiner, gelblich grün. Dunkler blättriger Glimmer ist reichlich anwesend, Hornblende vereinzelt wahrnehmbar. Die nicht reichlichen Quarze sind rundlich.

Makroskopisch steht das Stück zwischen verschiedenen Handstücken aus dem Anstehenden. Auch mikroskopisch vermittelt es zwischen verschiedenen Typen. Der Hauptsache nach trifft die Beschreibung zu, die E. Cohen und W. Deecke von den Granitporphyren Rödöns geben, doch ist die Grundmasse nicht rein mikrogranitisch, enthält auch nicht die mikropegmatitischen Durchwachsungen von Feldspath und Quarz, sondern an manchen Stellen sind granophyrische Verwachsungen beider Mineralien vorhanden, doch ohne dass diese, wie in den Granophyren, die ich vergleichen konnte, die Hauptmasse der Grundmasse ausmachen. Die Herkunft von Rödön kann als wahrscheinlich bezeichnet werden, weil eine echte Mittelform zwischen Granitporphyr und granophyrischem Quarzporphyr vorliegt.

Mit grosser Wahrscheinlichkeit kann die Herkunft von Rödön für drei Geschiebe ausgesprochen werden, die eine dichte, ziegelrothe Grundmasse, mit gleichmässig vertheilten, wenige Millimeter grossen Einsprenglingen von Quarz und Feldspath zeigen. Makroskopisch sind die Stücke von Schulau und Königsberg i. Pr. nicht von dem Vergleichsstück zu unterscheiden, ein Stück von Aarhuus in Jütland ist ein wenig heller und etwas ärmer an Einsprenglingen. Die Beschreibung, welche Cohen und Deecke (pag. 55) geben, trifft für die Einsprenglinge und die Zusammensetzung der Grundmasse genau zu, und braucht nicht wiederholt zu werden.

Eine kleine Abweichung ist in sofern vorhanden, als die Grundmasse im Vergleichsstücke die Feldspathe vorzugsweise in Leistenform zeigt, während in allen drei Geschieben die Leistenform nur an einzelnen Stellen erkennbar ist und die unregelmässige Gestaltung der Feldspathe vorwiegt. Zu bemerken ist noch, dass als Einsprenglinge in den Geschieben zuweilen Karlsbader Zwillinge auftreten.

Granitische Gesteine von Angermannland.
Litteratur über Anstehendes.

Ueber die Geologie Angermannlands und der angrenzenden Gebiete berichten Hj. Lundbohm und A. G. Högbom.

Hj. Lundbohm. Om berggrunden i Vesternorrlands kusttrakter. Sver. geol. undersökning Ser. C. No. 132 und Geol. fören. i Stockholm förhandl. XV. 1893.

— — Praktiskt geologiska undersökningar inom Vesternorrlands län. II. Berggrunden. Sver. geol. undersökning Ser. C. 177. Stockholm 1899.

A. G. Högbom. Om postarkäiska eruptiver inom det svensk finska urberget. Sveriges geol. undersökning Ser. C. 132 und Geol. fören. i Stockholm förhandl. XV. 1893.

— — Om Ragundadalens geologi. Sveriges geol. undersökning Ser. C. 182. Stockholm 1899.

Postarchäische granitische Gesteine finden sich in einem ausgedehnten Eruptivgebiet, welches Theilen von Angermannland, Gestrikland, Dalarne u. s. w. angehört. Ihr postarchäisches Alter wird aus Mangel an Druckphänomenen geschlossen, der diese Gesteine gegenüber den an Pressungserscheinungen reichen Graniten des Grundgebirges auszeichnet.

Ein Theil dieser postarchäischen Granitgesteine schliesst sich hinsichtlich seiner petrographischen Beschaffenheit und seinem geologischen Auftreten eng an die Åländer und finnischen Rapakiwigesteine an, so dass man annehmen darf, dass sie einem und demselben Eruptivcentrum angehören.

In Vesternorrland finden sich neben basischen Gesteinen rothe Granite und Quarzporphyre namentlich in zwei getrennten Gebieten, dem Helgumsmassiv — am Faxeelf, einem Nebenfluss des Angermannelf — und dem Küstengebiet, das sich hauptsächlich von der nördlichen Mündung des Angermannelf bis nach Örnskoldsvik hin erstreckt, wo sowohl auf dem Festlande als auch in dem Schärenhof diese Gesteine anstehen. Das erste dieser beiden Gebiete hängt mit dem Ragundamassiv zusammen, zu dem letzteren werden die Rapakiwis und Quarzporphyre von Alnön, Rödön und Sundsvall gerechnet.

Struktur und Zusammensetzung der diesen Gebieten angehörenden Gesteine zeigen eine starke Abwechselung.

Nach der Lundbohm'schen Charakteristik ist das herrschende ein fein- bis mittelkörniger Amphibolbiotitgranit mit vorherrschendem rothen Orthoklas und untergeordnetem, grauen oder gelben Plagioklas. Der Quarz ist grau, oft sehr dunkel, ausnahmsweise bläulich. Hornblende und Biotit treten in sehr wechselnden Mengen auf. Magnetit, Apatit und Zirkon sind fast konstant vorhanden, Kalkspath und Flussspath erfüllen oft Drusenräume.

Das Gestein ist meist gleichkörnig, doch enthält es nicht selten grössere einheitliche Orthoklase, die mehr oder weniger dicht zusammengehäuft in einer feinkörnigen Grundmasse liegen. Ausnahmsweise bildet dieses Mineral grosse, gewöhnlich abgerundete Individuen, die oft von Plagioklas umgeben sind. Nicht selten sind Quarz und andere Gemengtheile zonar in den Orthoklas eingewachsen. — Der Quarz erscheint vorherrschend fein vertheilt in der Grundmasse, ist oft schriftgranitisch mit Feldspath verwachsen, so dass eine zuweilen schon makroskopisch erkennbare Mikropegmatitstruktur entsteht, mehr ausnahmsweise tritt er in Gestalt grösserer, einheitlicher, entweder gleichmässiger, abgerundeter oder dihexaedrisch begrenzter Körner auf, die oft kleine sackförmige Parthien von Feldspath enthalten.

In gewissen Theilen des Gebiets treten diese Merkmale weniger deutlich hervor, so dass die Gesteine bei oberflächlicher Betrachtung archäischen Graniten gleichen, doch schützt genauere Untersuchung vor Verwechselungen.

Nach Lundbohm's Angaben stehen die Rödönrapakiwis den Åländischen näher als den Angermannländischen (im engeren Sinne), als Hauptunterscheidungsmerkmal wird für die nördlicheren die geringere Deutlichkeit der Rapakiwistruktur angegeben.

Das Helgummassiv, welches eine östliche Fortsetzung des Ragundamassivs darstellt, besteht zum grössten Theil aus einem grob- bis mittelkörnigen Granit, der dem an der Küste von Angermannland auftretenden wenig ähnlich sieht. Doch kommen auch in diesem Massiv an einzelnen Stellen etwas porphyrartige Varietäten vor, die eine gewisse Aehnlichkeit mit den an der Küste vorkommenden Rapakiwis zeigen, indem auch hier Orthoklaseinsprenglinge mit Plagioklasumrandung und porphyrische Quarze mit Feldspatheinschlüssen vorkommen.

Aus den Beschreibungen geht hervor, dass eine Unterscheidung der Angermannlandrapakiwis von denen von Rödön und Åland schwierig ist, und auf Grund von Beschreibungen überhaupt nicht möglich zu sein scheint. Doch lässt sich so viel erkennen, dass Rapakiwis mit sehr ausgeprägter Rapakiwistruktur in Angermannland nicht vorzukommen scheinen; als weiteres Merkmal wird man für Angermannlandrapakiwis das nicht regelmässige Vorkommen von Mikropegmatit ansehen dürfen, ein Merkmal, das als negatives Merkmal bei Geschiebeuntersuchungen freilich meist versagen wird. Gegenüber den finnischen Rapakiwis, denen Mikropegmatit in der Regel fremd zu sein scheint, dürfte das Fehlen des Mikroklin, der in den finnischen anscheinend regelmässig vorkommt, in den Angermannlandrapakiwis aber weder von Högbom noch von Lundbohm genannt wird, als Unterscheidungsmerkmal brauchbar sein.

Quarzporphyre sind mit den Angermannlandrapakiwis eng verbunden. Högbom beschreibt zwei solche aus dem Ragundamassiv genauer, die besonders eigenthümlich erscheinen.

Litteratur über Geschiebe.

In der Geschiebelitteratur kommen nur vereinzelte Angaben über granitische Gesteine, die auf Angermannland mit einiger Wahrscheinlichkeit oder Sicherheit zu beziehen sind, vor.

So bemerkt *Hj. Lundbohm* [1]), dass, nach einer Mittheilung G. de Geers, B. Lundgren am Ringsjö einen Block fand, der dem Angermannlandporphyr sehr ähnlich war; von Maglehem Socken im östlichen Schonen wird ein Angermannlandgranit (?) genannt.

Einige von *J. Martin* [2]) in Oldenburg gesammelte, mit Granophyrstruktur versehene Granite gleichen denen von Angermannland.

J. Korn [3]) nimmt für zwei Granite von Kalgen die Herkunft aus Angermannland an.

(E. Cohen und W. Deecke [4]) fanden zweiglimmerigen, granitähnlichen Gneiss von Örnskoldsvik einmal unter Blöcken, die an der Rügenschen Küste gezangt waren, vertreten.)

Unter den von mir untersuchten Geschieben war eins, von Emmerleff stammend, das vielleicht in Angermannland seine Heimath hat. Doch kann die Bestimmung nicht als vollständig sicher gelten. Ich kann nicht mehr sagen, als dass es in seinem ganzen Habitus einem Stück von Angermannland mehr gleicht, als den zum Vergleich mit herangezogenen Stücken von Rödön und Åland.

Einem Granitporphyr von Angermannland (Köpmannsholmen) sieht ein Geschiebe von Bahrenfeld, das aber reichlichere Einsprenglinge enthält, ähnlich. Mikroskopisch ist das Bild genau das

[1]) Hj. Lundbohm. Om den äldre baltiska isströmmen i södra Sverige. Sv. Geol. undersökning. Ser. C. No. 95. Stockholm 1888 pag. 24.

[2]) J. Martin. Diluvialstudien II. Das Haupteis ein baltischer Strom. X. Jahresbericht des naturw. Vereins zu Osnabrück. 1895. Pag. 10.

[3]) J. Korn. Ueber diluviale Geschiebe der Königsberger Tiefbohrungen. Jahrb. der königl. preuss. geolog. Landesanstalt f. 1894. Berlin 1895. Pag. 59.

[4]) E. Cohen und W. Deecke. Ueber Geschiebe aus Neuvorpommern und Rügen. I. Fortstzg. Mitth. des naturw. Vereins für Neuvorpommern u. Rügen. XXVIII. Jahrgang. Greifswald 1896 pag. 57.

gleiche, Abweichung ist nur in sofern vorhanden, als das Mengenverhältniss von Hornblende und Glimmer das umgekehrte ist. Eine genauere Beschreibung ist angesichts der Unsicherheit der Bestimmung unnöthig.

Jedenfalls verdient das Vorkommen von Angermannländischen Geschieben in Schleswig-Holstein genauere Untersuchung.

Rapakiwi, Granit und Granitporphyr von den Ålandinseln. Litteratur über Geschiebe.

E. Cohen und *W. Deecke* [1]) geben in ihren Geschiebeuntersuchungen, nach denen Ålandgesteine in Neuvorpommern und Rügen ganz gewöhnliche Vorkommnisse sind, eine Zusammenstellung der Litteratur über Anstehendes und Geschiebe, die eine Wiederholung an dieser Stelle überflüssig machen.

Nachzutragen sind noch als später erschienene Arbeiten über Ålandsgeschiebe die folgenden:

J. L. C. Schröder van der Kolk [2]) nennt Rapakiwi aus der Gegend von Markelo.

H. van Capelle [3]) erwähnt ihn aus West-Drenthe und Overyssel, wo in der Umgegend von Havelte Granit und Rapakiwi in grossen Mengen vorkommen.

K. Rördam [4]) erwähnt Ålandsrapakiwi aus oberem Geschiebemergel von der Insel Seeland.

---

[1]) E. Cohen und W. Deecke. Ueber Geschiebe aus Neuvorpommern und Rügen. Mittheilungen des naturwissenschaftl. Vereins für Neuvorpommern und Rügen. XXIII. Jahrgang. 1891.

[2]) J. L. C. Schröder van der Kolk. Note sur une étude de Diluvium faite dans la région de Markelo. Bull. de la Sociéte belge de Geol. Pal. et Hydrol. VI. Bruxelles 1892.

— — Verslag eener proeve van geol. karteering in de omstreken van Markelo. Verslagen en meddelingen der Koninklijke akademie van wetenschappen. Afdeeling natuurkunde. III. Amsterdam 1892.

— — Verslag over eenige krystallijne zwervelingen uit de omstreken van Markelo. Ibid. 1896.

[3]) H. van Capelle. Het diluvium van West-Drenthe. Verhandlingen der Koninklijke akademie van wetenschappen te Amsterdam. II. Sectie. Deel 1 No. 2. Amsterdam 1892.

— — Geolog. resultaten van eenige in West-Drenthe en in het oostelijke deel van Overyssel verrichte grondboringen. Uitgiven door de Koninklijke akad. van wetenschappen te Amsterdam. 1890.

[4]) K. Rördam. De geol. Forhold i det nordöstl. Sjaelland. Beskrivelse til Kortbladene Helsingör og Hilleröd. Danmarks geolog. Undersögelse No. 3 Kjöbnhavn 1893.

V. Madsen [1]) erwähnt Ålandsrapakiwi, Granitporphyr und Quarzporphyr von Samsö.

N. V. Ussing und *V. Madsen* [2]) fanden Ålandsgesteine auf Hindsholm zusammen mit anderen aus der Nähe des Ostseebeckens stammenden Geschieben.

A. Jessen [3]) fand Uebergangsformen zwischen Ålandsrapakiwi und Granitporphyr auf Anholt.

In Vendsyssel fand derselbe Autor Ålandsrapakiwi und Ålandsquarzporphyr als seltenere Geschiebe in dem fluvioglacialen geschichteten Diluvialgrus und in verschwindend geringer Menge in dem einer echten Moräne aequivalenten »steinigen Sand.«

V. Milthers [4]) nennt unter Geschieben von Freerslev Hegn, SW. Hilleröd auf Seeland, wo anscheinend nur unterer Geschiebemergel ansteht, Ålandsquarzporphyr, vom Vilsted Ås bei Stenlille Granit, Quarzporphyr und Rapakiwi von Åland.

In den Arbeiten der dänischen Geologen sind keine Hinweise darauf gegeben, ob die Bestimmungen lediglich makroskopisch erfolgten, oder ob auch mikroskopischer Vergleich stattfand. Die Angaben werden gleichwohl als brauchbar angesehen werden können, da die Transportrichtungen, selbst wenn Verwechselungen mit den Rapakiwis der benachbarten Gegenden vorgekommen sein sollten, annähernd dieselben bleiben.

J. Martin [5]) theilt mit, dass die Ålandsgesteine in Oldenburg zu den häufigst vorkommenden Geschieben gehören.

K. von Kraatz-Koschlau [6]) fand Rapakiwi und Quarzporphyre von den Ålandinseln als häufige und verbreitete Geschiebe in der Umgegend von Halle, einen vielleicht daher stammenden Labradorfels einmal. Die Vergleiche mit dem Anstehenden wurden von Högbom ausgeführt.

---

[1]) V. Madsen. Beskrivelse til geol. Kort over Danmark. Kortbladet Samsö. Ibid. 1 Raekke No. 5. Kjöbnhavn 1897.

[2]) N. V. Ussing og V. Madsen. Beskrivelse . . . . Kortbladet Hindsholm. Ibid. 1 Raekke No. 2. Kjöbnhavn 1897.

[3]) A. Jessen. Beskrivelse . . . . Kortbladene Laesö og Anholt. Ibid. 1 Raekke No. 4. Kjöbnhavn 1897.

— — Beskrivelse . . . . Kortbladene Skagen, Hirshals, Frederikshavn, Hjörring og Lökken. Ibid. I. Raekke No. 3. 1899.

[4]) V. Milthers. Norske Blokke paa Sjaelland. Meddelser fra Dansk geolog. Forening No. 5. Kjöbnhavn 1899.

[5]) J. Martin. Diluvialstudien II. Das Haupteis ein baltischer Strom. X. Jahresbericht des naturwissenschaftl. Vereins in Osnabrück für 1893/94. Osnabrück 1895.

[6]) K. von Kraatz-Koschlau. Glacialstudien aus der Umgegend von Halle. Neues Jahrbuch für Mineralogie. 1898. II. Bd.

E. Cohen und W. Deecke bemerken, dass ihnen Rapakiwi bedeutend häufiger unter den Geschieben Vorpommerns und Rügens begegnet sind, als Granite und Granitporphyre.

Das Gleiche gilt von den Geschieben Schleswig-Holsteins und Hamburgs, wo unter den auf die Ålandsinseln zu beziehenden Geschieben die Rapakiwis bedeutend überwiegen. Nächst den Rapakiwis überwiegen die Porphyre. Ueberhaupt müssen die Ålandsgesteine zu den häufigeren Geschieben gerechnet werden. Bei der grossen Häufigkeit dieser Gesteine — mir haben weit über 100 Geschiebe zur Untersuchung vorgelegen — wurde von einer mikroskopischen Untersuchung der Rapakiwis meist abgesehen, wenn die Stücke sich von dem Vergleichsmaterial nicht unterscheiden liessen, doch ist für eine ganze Anzahl der Stücke die Identität auch mikroskopisch festgestellt. Es ist denkbar, dass auf diese Weise einzelne Rödönrapakiwis hier unter den Ålandsgesteinen aufgezählt sind — doch macht dies für die Transportrichtung nicht viel aus, um so mehr, als zahlreiche von den Ålandsinseln, als auch einzelne von Rödön stammende Geschiebe mikroskopisch identifizirt werden konnten.

Unter dem untersuchten Material waren nachstehende Fundorte, zum Theil in zahlreichen Stücken, vertreten:

Grenaa in Jütland, Katholm bei Grenaa, Jerpstedt (an der Westküste von Nordschleswig), Emmerleff, Mögeltondern, *Schobüll, Hattstedt in Nordschleswig, *Sylt, Rothes Kliff auf Sylt, Stenodde auf Amrum, Hamberg bei Burg in Dithmarschen, *Burg, Heide und Kuden in Dithmarschen, *Itzehoe, Düne von Helgoland, *Alt-Heikendorf bei Kiel, *Bülk an der Kieler Bucht, *Umgegend von Kiel, Heiligenhafen, Dahme in Ostholstein, Eutin, Fahrenkrug bei Segeberg, Steinbek bei Hamburg, Winterhude bei Hamburg, *Bahrenfeld bei Altona, Ottensen bei Altona, Tinsdahl bei Schulau, *Schulau, Wittenbergen bei Schulau, Lüneburg, *Gross-Hansdorf bei Ahrensburg.

Die mit * bezeichneten Fundorte sind durch mikroskopisch untersuchte Geschiebe vertreten.

Namentlich die Umgegenden von Hamburg und Kiel, Sylt und Dithmarschen sind durch eine grössere Anzahl von Ålandsgeschieben vertreten.

Bezüglich der Lagerstätten ist zu erwähnen, dass Zeise[1])

[1]) O. Zeise. Beiträge zur Kenntniss der Ausbreitung, sowie besonders der Bewegungsrichtungen des Inlandeises in diluvialer Zeit. Königsberg 1889.

Ålandsgeschiebe — ich konnte die von ihm gesammelten Stücke untersuchen und seine Bestimmungen bestätigen — in beiden Moränen der Provinz Schleswig-Holstein antraf.

Im Einzelnen ist zu bemerken, dass von den mikroskopisch untersuchten Stücken 14 genau dem Rapakiwitypus der Ålandsinseln entsprechen.

Der Ålandsgranit ist unter den im Dünnschliff untersuchten Stücken viermal vertreten, bei Kiel, Gross-Hansdorf, Bahrenfeld.

Granitporphyre, die makroskopisch den Ålandsporphyren gleichen, sind häufig. Mikroskopisch identifizirt wurden Geschiebe von Schulau, Sylt, Burg.

Ein Geschiebe von Hochdonn (Dithmarschen) ist dem Ålandsporphyr sehr ähnlich, zeigt aber an den Einsprenglingen von Quarz und Feldspath granophyrische Büschel und gleicht in dieser Hinsicht gleichen Geschieben, die E. Cohen und W. Deecke bei Greifswald fanden, die aber nach den genannten Autoren nicht auf die Ålandsinseln bezogen werden dürfen.

Zu erwähnen ist noch ein Geschiebe von Schobüll, welches dadurch merkwürdig ist, dass es ganz dem Ålandsrapakiwi gleicht, aber nicht unbedeutende Mengen von Mikroklin einschliesst. Den finnischen Rapakiwis kann ich es deshalb nicht anreihen, weil in diesen, wenn Mikropegmatit überhaupt, doch nach meinen Erfahrungen nur spärlich vorkommt, nie, wie in diesem Geschiebe, fast die Hälfte der Gesteinsmasse ausmacht.

Granitische Gesteine aus Finland.

Als Ergänzung zu den von E. Cohen und W. Deecke gegebenen Litteraturangaben über das Anstehende ist zu nennen:

P. J. Holmquist. Om Rödömradets rapakivi och gångbergarter. Sver. geol. undersökning Ser. C. No. 181. Stockholm 1899.

Holmquist vergleicht hierin die finnischen Rapakiwis — speziell aus dem östlichen Gebiet — mit denen von Rödön. Hervorzuheben ist, dass die Rapakiwistruktur in ersteren besonders deutlich hervortritt. Holmquist definirt die Rapakiwistruktur dahin, dass die Orthoklaseier gegenüber der Quarzmasse idiomorph sind, aber gegenüber jedem einzelnen Quarzkrystall sind die Orthoklase allotriomorph oder — die Orthoklaseinsprenglinge sind im grossen, die Quarze der Zwischenmasse im Detail idiomorph. Diese Definition giebt das Bild, das typische Rapakiwistücke — namentlich die finnischen — so oft zeigen, wo die Quarzkrystalle und Körner ein Netz von Schnüren bilden, dessen Maschen von Orthoklassubstanz ausgefüllt werden, recht gut wieder.

E. Cohen und *W. Deecke* [1]) behandeln ausführlich die Eigenschaften der finnischen Rapakiwi. Aus ihren Untersuchungen hat sich ergeben, dass die älteren Angaben über finnische Geschiebe in unserem Diluvium, die vollständig angeführt werden, der Revision bedürfen.

In dem von Cohen und Deecke untersuchten Gebiet fand sich nur ein Block mit den Eigenschaften, die besonders für das Wiborger Gebiet charakteristisch sind, drei Rapakiwigeschiebe stimmen am besten mit solchen Typen überein, die im Nystader Gebiet herrschend sind. Einige Granitgeschiebe Neuvorpommerns lassen sich mit Wahrscheinlichkeit auf Nystad zurückführen. Ein Geschiebe von Berg-Dievenow in Hinterpommern stimmt mit dem Fleckengranit von Ylikieri im Kirchspiel Lappi recht nahe überein. Zwei von Conwentz in der Danziger Gegend gefundene Rapakiwis stimmen mit dem bei Tavastby bei Wiborg von Cohen und Deecke gesammelten Material genau überein.

Besonders wichtig ist die Bemerkung, dass sich die west- und ostfinnischen Vorkommen kaum mit solcher Sicherheit auseinander halten lassen, dass sich weitergehende Schlüsse auf die Eisbewegung ziehen lassen.

Herr Professor Dr. Mügge hatte die Freundlickeit, mir neben dem grösstentheils von Wiik gesammelten Vergleichsmaterial der Königsberger Universität, die Handstücke und Schliffe, die der Arbeit A. Seecks [2]) über granitische Geschiebe zu Grunde liegen, zu übersenden.

---

[1]) E. Cohen und W. Deecke. Ueber Geschiebe aus Neuvorpommern und Rügen. I. Fortsetzung. Mittheilungen des naturwissensch. Vereins für Neuvorpommern u. Rügen. 1896.

[2]) A. Seeck. Beitrag zur Kenntniss der granitischen Diluvialgeschiebe in den Provinzen Ost- und Westpreussen. Zeitschr der deutschen geolog. Gesellsch. XXXVI. Band. Berlin 1884.

Ich habe die Bestimmungen der von A. Seeck auf Finland bezogenen Geschiebe, unter Berücksichtigung der Sederholm'schen, Holmquist'schen und Cohen und Deecke'schen Angaben, einer Revision unterzogen. [1])

Gegen die Bestimmungen der auf die Ålandinseln bezogenen Geschiebe ist nach meinen Untersuchungen — mit den bereits von Lundbohm[2]) bezeichneten Ausnahmen — nichts einzuwenden, sondern es muss als festgestellt betrachtet werden, dass die Provinzen Ost- und Westpreussen von den Ålandinseln relativ reichliches Material erhalten haben.

Anders steht es mit einigen angeblich finnischen Geschieben.

Ein Geschiebe von Labiau (201 der Seeck'schen Arbeit) wird auf Satakunta bezogen und als Rapakiwi bezeichnet. Richtiger ist es als Granitporphyr anzusehen, da die Grundmasse ganz feinkörnig ist und fast dicht erscheint. Das Stück stimmt makroskopisch ganz, mikroskopisch sehr nahe mit einem Granitporphyr von Hammarudda auf Åland überein.

Mit diesem theilt es den Mangel an Hornblendeumrandungen an den Quarzeinsprenglingen [3]), die mikrogranitische Grundmasse, in der einzelne Parthien sich im polarisirten Licht als Mikropegmatit erweisen. Die Hornblende ist, wie in den Åländer Granitporphyren überhaupt, gern lückenhaft entwickelt. Als einziger Unterschied gegenüber dem Originalstück von Hammarudda zeigt das Geschiebe an einzelnen Stellen feinere Ausbildung des Mikropegmatits und nähert sich dadurch das Geschiebe, das überhaupt eine Mittelform zwischen dem Granitporphyr von Hammerland Kirche und den übrigen Ålandsgranitporphyren darzustellen scheint, den letzteren.

Ebenso erscheint die Bestimmung eines auf Satakunta bezogenen Granitporphyrs vom Nassen Garten bei Königsberg (Seeck No. 67) anfechtbar. Auch dieses Stück entspricht makroskopisch ganz dem Granitporphyr von Hammarudda. Mikroskopisch ist die Uebereinstimmung auch eine sehr vollkommene. Der Mineralbestand, wie

---

[1]) Ausser den von Wiik gesammelten Rapakiwis aus Finland konnte ich das von meinem Freunde Dr. Stolley in der Gegend von Wiborg und Antrea gesammelte Material zum Vergleich heranziehen.

[2]) Hj. Lundbohm. Geschiebe aus der Umgegend von Königsberg in Ostpreussen. Schriften der physik ökonom. Gesellschaft zu Königsberg. XXIX. 1888.

[3]) Bei E. Cohen und W. Deecke, Geschiebe aus Neuvorpommern, erste Abhandlung, wird die Umrandung des Quarzes mit Hornblende als charakteristisch angegeben. Bei dem Stück von Hammarudda, das im Uebrigen der Charakteristik des Gesteins von Hammarland Kirche entspricht, fehlt sie.

auch die Textur der Gemengtheile sind so ähnlich, dass es unmöglich ist, den Schliff des Geschiebes von dem aus dem Anstehenden zu unterscheiden.

No. 53 von Elbing, Rapakiwi soll zufolge der Bestimmung von Wiik dem westlichen Finland (Satakunta) entstammen. Die Orthoklaseier erreichen nur eine Grösse von 2½ cm, sind gelbroth, heller als der Feldspath der Grundmasse. Die Umrandungen mit Plagioklas sind schmal, Plagioklas kommt in selbständigen, gut begrenzten Einsprenglingen vor. Der Quarz ist makroskopisch nur in abgerundeten, bis 1 cm grossen Körnern vorhanden. Hornblende überwiegt schon makroskopisch bedeutend vor dem nur in kleinen Blättchen erkennbaren Glimmer. Die Grundmasse ist sehr feinkörnig und stellt das Gestein eine Uebergangsform zu Granitporphyr dar.

Im Schliff erweist sich die Grundmasse ungemein reich an zierlichen mikropegmatitischen Verwachsungen von Quarz und Feldspath. Lückenhaft ausgebildete Hornblende ist in Massen vorhanden, Glimmer ist ganz zurücktretend. Zirkon kommt vereinzelt vor, der Feldspath ist als Orthoklas und Plagioklas vorhanden. Mikroklin fehlt.

Wenn auch die Autorität Wiik's für die Herkunft aus Satakunta geltend gemacht wird, so muss doch nach dem mikroskopischen Befund die Zugehörigkeit des Geschiebes zu den Ålandrapakiwis als wahrscheinlicher bezeichnet werden.

No. 406 vom Nassen Garten, das nach Seeck dem weiter unten beschriebenen Geschiebe 243 sehr ähnlich sehen soll, zeigt doch manche nicht unerhebliche Abweichungen. Die Orthoklase sind nicht sehr gross, erheblich kleiner als in dem Vergleichsstück von Wiborg, das von Seeck herangezogen wird. Mit der Lupe erkennt man reichlich Mikropegmatit; der Biotit, der in dem Wiborger Stück reichlich erkennbar ist, tritt im Geschiebe gegenüber der Hornblende stark zurück.

Der makroskopische Befund spricht schon gegen eine Uebereinstimmung mit dem Geschiebe No. 243, noch mehr der mikroskopische. Schon bei Betrachtung des Schliffs mit blossem Auge erkennt man, dass über die Hälfte der Gesteinsmasse aus Mikropegmatit besteht, der in allen Graden der Feinheit vorliegt, von den zierlichsten Verzahnungen bis zu groben Durchwachsungen. Der Feldspath ist dicht mit rothbraunem Staube erfüllt. Plagioklas kommt reichlich vor, geflammter Orthoklas fehlt vollständig, ebenso Mikroklin. Dazu gesellen sich zahlreiche lückenhaft gewachsene, wie durchbohrt aussehende Hornblendekrystalle. Biotit ist reichlicher vorhanden, als die makroskopische Prüfung erwarten lässt, ist aber immer gegenüber der

Hornblende zurücktretend. Zirkon ist spärlich vorhanden, aber meist in ansehnlichen Dimensionen. Die Uebereinstimmung mit den Åland-rapakiwis ist eine so vollkommene, dass die Herkunft von Finland nicht wohl annehmbar ist.

Was die Seeck'schen Stücke No. 243, 250, 42, 111 und 278 angeht, so ist ihre Herkunft aus Finland wohl als sicher anzusehen, da sich alle entscheidenden Merkmale in ihnen vorfinden. Die von Seeck nur makroskopisch untersuchten Stücke habe ich auch mikroskopisch geprüft unter Vergleich mit Schliffen aus dem Anstehenden und den Beschreibungen Sederholms und Cohens. [1])

No. 243 von Labiau ist einem Wiborger Stücke ausserordentlich ähnlich und zeigt die von Cohen und Deecke für dieses Gebiet als besonders charakteristisch bezeichneten Eigenschaften. [2]) Die Orthoklaskrystalle sind sehr gross, lebhaft gefärbt, die Plagioklasumrandung sehr breit und intensiv grün. Der gleiche Plagioklas kommt auch in selbständigen Krystallen vor. Hornblende, in lang säulenförmigen Krystallen auftretend, herrscht vor Biotit, der auch reichlich vorhanden ist, vor, der Quarz tritt in wohlbegrenzten Krystallen und Körnern auf. Im Schliff zeigen sich die drei Feldspathe der finnischen Rapakiwis, Plagioklas besonders reichlich, Mikropegmatit kommt wenig vor. Die Hornblende ist gelegentlich mikropegmatitisch mit Quarz durchwachsen. Zirkon ist reichlich vorhanden, Erze spärlich, Flussspath kommt reichlich vor. Alle Eigenschaften sprechen unbedingt für Finland als Heimath, eine gewisse Wahrscheinlichkeit besteht, dass das östliche Gebiet das Geschiebe geliefert hat.

No. 42 von Elbing hat fleischrothe, ins ziegelrothe übergehende Orthoklaseier, die nur ganz vereinzelt die Plagioklasumrandung [3])

---

[1]) Zu der Beschreibung Cohens kann ich ergänzend hinzufügen, dass ich in einzelnen Fällen in den finnischen Rapakiwis Mikropegmatit, den auch Sederholm nennt, beobachtete. Doch scheint der Mikropegmatit in der Regel zu fehlen und sich, wo er vorhanden ist, vorherrschend nur als Durchwachsung des Feldspaths mit groben, meist rundlich und unregelmässig begrenzten, aber parallel orientirten Quarzen zu zeigen. Die von Cohen und Deecke erwähnten Trichiten in den Quarzen habe ich oft vermisst oder nur spärlich angetroffen.

[2]) Damit soll nicht gesagt sein, dass es unbedingt von dort stammt.

[3]) Sederholm sagt: »Es ist nicht gerade ungewöhnlich, dass die Oligoklashüllen zurücktreten oder verschwinden. Wenn dabei zugleich die Orthoklaskugeln ihre runde Form verlieren und an Grösse abnehmen, so entsteht ein weniger deutlich porphyrisches Gestein, welches hauptsächlich aus einem panidiomorphkörnigen Gemenge von ziegelrothem Orthoklas und zwischen diesen eingeklemmten kleinen, runden, grauen Quarzkörnern besteht.« (Ueber die finländischen Rapakiwigesteine. Tschermaks Mittheilungen. XII. Pag. 6. Diese Beschreibung trifft namentlich auf die Geschiebe 278 und 111 zu.

zeigen. Indessen tritt dieses Mineral in bis 1 cm grossen, grünlichen, selbständigen Krystallen auf. Biotit herrscht vor der nicht fehlenden Hornblende vor, Quarz findet sich reichlich in rauchgrauen Dihexaedern und Körnern, die in Schnüren die grösseren Feldspathe umgeben. Der Habitus ist ganz derjenige der finnischen Rapakiwis. Auch mikroskopisch lässt er deutlich die Zugehörigkeit zu denselben erkennen. Mit einem Schliff von Nystad stimmt das Bild ganz überein mit Ausnahme des Vorhandenseins von Hornblende. Unter den Feldspathen lassen sich im Geschiebe wie in den Stücken aus dem Anstehenden reiner Orthoklas, mikroperthitischer Orthoklas, mikroperthitischer Mikroklin, Plagioklas mit feinen Lamellen unterscheiden. Der Quarz ist reich an reihenförmig geordneten Flüssigkeitseinschlüssen, auch Trichiten enthält er. Die Hornblendekrystalle sind klein und spärlich vorhanden, der reichlicher anwesende Biotit ist stark pleochroitisch, von Erz, Apatit, Zirkon durchwachsen. Vielfach finden sich pleochroitische Höfe. Apatit ist nicht reichlich, Zirkon in gut ausgebildeten Krystallen vorhanden. Flussspath füllt unregelmässig gestaltete eckige Räume. An der Herkunft aus Finland ist nicht zu zweifeln, doch sind die für Wiborg charakteristischen Merkmale nicht so ausgeprägt, um es mit Seeck dorther leiten zu dürfen.

Ganz ähnlich ist 250 von Labiau. Nur ist die Farbe der Feldspathe mehr fleischroth. Auch hier sind die grünlichen Plagioklasumrandungen nicht überall vorhanden. Ein Theil der Orthoklase zeigt scharf rechtwinklige Durchschnitte. Im mikroskopischen Bilde zeigt sich eine Abweichung gegenüber dem eben beschriebenen Geschiebe nur in den etwas abweichenden Mengenverhältnissen der Feldspathe und in dem Fehlen der Hornblende. Auch dieses Geschiebe stammt sicher aus Finland.

No. 278 von Rauschen ist eher als Granit, denn als Rapakiwi zu bezeichnen. Grosse ziegelrothe Feldspathe erscheinen als Einsprenglinge, heben sich aber wenig scharf von einer Grundmasse ab. Die Umrisse sind meist gradlinig und scharf rechtwinklig, die charakteristische Eiform fehlt fast ganz. Umrandung mit Plagioklas scheint zu fehlen. Der Kitt zwischen den grossen Feldspathkrystallen besteht vorherrschend aus Quarz in rauchgrauen Dihexaedern und Körnern. Bisilikate sind selten, Glimmer tritt nur vereinzelt in deutlichen Blättchen auf.

Der Gesammthabitus erinnert schon makroskopisch sehr an Stücke von Wiborg und Nystad, mit denen ich es vergleichen konnte. Auch im Schliff ist eine weitgehende Aehnlichkeit mit finnischen, granitartigen Rapakiwis erkennbar. Orthoklas, feingestreifter Plagioklas und Mikroklin kommen auch hier vor, der Quarz ist reich an Flüssigkeitseinschlüssen, doch nicht in dem Grade, wie gewöhnlich. Die dunklen Trichiten sind reichlich vorhanden. Unter Bisilikaten ist nur Biotit vorhanden, Hornblende fehlt, Zirkon kommt nicht reichlich vor.

Das Geschiebe stammt nach Allem ebenfalls sehr wahrscheinlich aus Finland. Nur der Zirkon ist etwas seltener, als gewöhnlich, doch kann dies nicht gegen die Bestimmung sprechen.

No. 111 vom Nassen Garten bei Königsberg, das bei oberflächlicher Betrachtung mit 42 und 250 gewisse Uebereinstimmung zeigt — gleiche Farben der Feldspathe, gleiche Formen und Anordnungen der Quarze — lässt einige Abweichungen erkennen. So war nirgends Plagioklasumrandung zu entdecken, der Plagioklas tritt nur in selbständigen Krystallen auf. Auch ist die porphyrartige Struktur wenig deutlich ausgebildet. Das Stück stellt einen Uebergang zum Granit dar, wie er auch an Handstücken aus der Gegend von Nystad beobachtet werden konnte. Hornblende herrscht vor Glimmer vor. Im Schliff sind drei Feldspathe erkennbar, Orthoklas, feingestreifter Plagioklas und — mehr zurücktretend — Mikroklin. Zirkon ist nur spärlich vorhanden, ebenso die Trichiten des Quarzes. Im Schliff war — wohl nur zufällig — nur Biotit vorhanden.

Das Stück erinnert stark an finnische Vorkommnisse und stammt höchst wahrscheinlich daher, doch ist die Herkunft von dort nicht mit gleicher Sicherheit nachweisbar, wie bei den anderen Stücken, wenigstens war es meinem Vergleichsmaterial nicht so ähnlich, wie die anderen Geschiebe.

Zweifellos finnischen Ursprungs ist ein Rapakiwigeschiebe von der »Grube zwischen der Cellulose-Fabrik und der Chaussee vor dem Sackheimer Thor in Königsberg«, welches ich Herrn Prof. Mügge verdanke.

Die stark vorherrschenden eiförmigen Orthoklaseinsprenglinge sind bis 6 cm gross, ihre Farbe fleisch- bis ziegelroth. Sie umschliessen zahlreiche kleine Interpositionen. Die überall vorhandene Plagioklasumrandung zeigt oft makroskopisch deutliche Zwillingsstreifung, sie ist 3 bis 4 mm breit und hebt sich in ihrer bräunlich graugrünen Farbe scharf von den Orthoklaseiern ab, während sie meist gegen die Grundmasse hin allmählich zerfliesst. Der Plagioklas ist im Ganzen sehr reichlich vorhanden. Der Quarz tritt in dunklen, fast schwarzen Körnern und Krystallen auf, er ist nicht gerade reichlich vorhanden, doch erschwert die dunkle Farbe eine sichere Abschätzung gegenüber dem oft recht dunklen Plagioklas und den Bisilikaten. Biotit kommt in grossen und kleinen Blättern reichlich vor, Hornblende ist makroskopisch nur vereinzelt deutlich bestimmbar. Das Gestein ist sehr frisch. Mit dem nöthigen Vorbehalt kann man das Gestein auf die Wiborger Gegend beziehen. Es vereinigt die gerade für dieses Gebiet charakteristischen Eigenschaften in einem Stück.

Der mikroskopische Befund bestätigt den finnischen Ursprung. Die drei Feldspathe sind vorhanden, die grüne Hornblende ist meist von Quarz durchwachsen, sehr lappig ausgebildet, oft von stark pleochroitischem Glimmer umwachsen. Zirkon findet sich reichlich, Erze spärlich, Flussspath reichlich. In der Umgebung der Feldspatheinsprenglinge findet sich Mikropegmatit, grobe Durchwachsungen und feinere Verzahnungen, doch nicht in grosser Menge. Der Quarz ist ziemlich arm an Flüssigkeitseinschlüssen und fast frei von Trichiten.

Ein anderes Stück, das ich Herrn Prof. Mügge verdanke, das vom Nassen Garten bei Königsberg stammt, ist makroskopisch nicht von der granitischen Varietät der Nystadrapakiwis zu unterscheiden. Auch mikroskopisch besteht eine fast vollständige Uebereinstimmung mit dem Vergleichsmaterial. Die einzige Abweichung besteht in dem spärlichen Vorhandensein des Biotit. Auch enthält dieser keine von pleochroitischen Höfen umgebenen Zirkoneinlagerungen. Doch kann diese Abweichung nicht gegen die Herkunft von Nystad sprechen, da die Biotite dieser Rapakiwis nicht ausnahmslos mit Zirkonen durchwachsen sind.

Als Gesammtergebniss der Nachprüfung der Seeck'schen Angaben und der neuen Untersuchung zweier Geschiebe ergiebt sich, dass Preussen ziemlich reichlich finnisches Material erhalten hat. Wenigstens ergiebt ein Ueberblick über das Rapakiwimaterial Preussens — ich hatte nahezu alle Stücke der Seeck'schen Arbeit mit Ausnahme einiger von Seeck auf Finland bezogenen, aber als stark zersetzt bezeichneten Stücke zur Verfügung — dass ein bedeutend grösserer Prozentsatz auf Finland hinweist, als z. B. in Schleswig-Holstein, wo finnisches Material nur weit spärlicher vertreten ist. (Ich gehe dabei von der unbewiesenen Voraussetzung aus, dass die von Seeck untersuchten und gesammelten Geschiebe eine Stichprobe aus dem Vorhandenen geben.) Da nur für zwei Geschiebe eine gewisse Wahrscheinlichkeit der Herkunft aus dem östlichen Rapakiwigebiet besteht, werden wir annehmen müssen, dass die finnischen Geschiebe im Wesentlichen mit den åländischen von Norden her an ihren Ort gelangten.

O. Zeise bezieht auf Grund makroskopischen Vergleichs eine ganze Anzahl schleswig-holsteinischer Geschiebe auf das östliche und westliche Finland. Er hatte die grosse Liebenswürdigkeit, mir seine Geschiebe zu mikroskopischer Untersuchung zur Verfügung zu stellen.

Was die von Zeise vorgenommene Unterscheidung ost- und westfinnischer Rapakiwis angeht, so konnte ich bestätigen, dass einige Stücke mehr dem Nystader, andere mehr dem Wiborger Rapakiwi ähnlich sehen, nachdem indessen Cohen und Deecke die Schwierigkeiten einer Unterscheidung ost- und westfinnischer Rapakiwis kennen gelehrt haben, werden wir für die schleswig-holsteinischen Geschiebe auf eine Unterscheidung dieser beiden Gebiete verzichten müssen, um so mehr, als sich kein Stück unter ihnen fand, das alle die für Wiborg charakteristischen Eigenschaften in sich vereinigt, so sehr auch im übrigen Uebereinstimmung mit einzelnen Stücken aus dem östlichen Gebiet vorhanden ist.

Im Ganzen möchte ich, nach Ausscheidung der zweifelhaften Stücke, 6 Geschiebe aus Schleswig-Holstein und Jütland auf Finland beziehen. Einige weitere mikroskopisch geprüfte Geschiebe zeigen zwar starke Annäherung an finnische Vorkommnisse, doch sind sie in nachstehender Beschreibung wegen ihrer Abweichungen fortgelassen. Vielleicht hindert nur die beschränkte Menge des Vergleichsmaterials daran, noch weitere Vorkommnisse mit einiger Sicherheit auf Finland zu beziehen.

Die granitische Varietät des Nystader Rapakiwi ist durch 3 Stücke vertreten, die lediglich in der Farbe — in Folge begonnener Verwitterung — von den Vergleichsstücken abweichen. An Stelle des intensiven Roths der Feldspathe des Anstehenden ist in den Geschieben ein mehr gelbliches Roth bis Gelb vorhanden.

Ein Geschiebe von Kuden in Dithmarschen ist mikroskopisch vollkommen identisch mit dem Anstehenden, bis auf etwas grösseren Reichthum der Quarze an Flüssigkeitseinschlüssen. Alle anderen Merkmale sind übereinstimmend, so die dreierlei Feldspathe, so die mit Zirkonmikrolithen und pleochroitischen Höfen versehenen Biotite.

Ein Geschiebe von der Nordschleswigschen Weiche bei Flensburg ist ebenso fast identisch mit einem Stück von Nystad. Als Abweichung ist nur die Armuth des Quarzes an Trichiten zu nennen, doch stimmt es in der Armuth an Flüssigkeitseinschlüssen wieder mit dem Anstehenden überein.

Ein Stück von der Kieler Sternwarte stimmt in den drei Feldspathen mit dem Anstehenden überein, ebenso in der Beschaffenheit des Quarzes und seiner Einschlüsse. An einzelnen Stellen sind die Feldspathe mit lappigen und unregelmässig gezähnten Quarzen, die gleich orientirt sind, durchwachsen. Die Biotite sind frei von Zirkonen und pleochroitischen Höfen, doch kommen solche Biotite auch in Stücken aus dem Anstehenden vor.

Geschiebe, die zum Rapakiwi zu stellen sind, liegen vor von Emmerleff (an der Nordwestküste von Schleswig) Itzehoe und Aarhuus in Jütland.

Das Geschiebe von Emmerleff lässt neben Glimmer auch Hornblende makroskopisch erkennen. Unter den dreierlei Feldspathen tritt der Mikroklin etwas zurück, dafür ist der feingestreifte Plagioklas reichlicher vorhanden. Der idiomorphe Quarz enthält Trichiten, doch nur spärlich, Hornblende und Glimmer sind gern in Putzen gehäuft. Grobe mikropegmatitische Durchwachsungen von Quarz und Feldspath sind spärlich vorhanden, Zirkon und Apatit kommen reichlich vor, Erz spärlich. Das Gesammtbild des Schliffs stimmt mit dem mancher Stücke des westlichen und östlichen Gebiets recht genau überein.

Das Stück von Itzehoe ist makroskopisch identisch mit Stücken aus West-Finland, Plagioklasumrandungen fehlen. Aus dem mikroskopischen Bilde ist zu erwähnen, dass der Glimmer reich ist an Zirkonkryställchen mit pleochroitischen Höfen umgeben, der Quarz enthält relativ wenige und kleine Flüssigkeitseinschlüsse, auch spärliche Trichiten. Unter den drei Arten Feldspath ist Mikroklin sehr reichlich vorhanden; Zirkon kommt in recht ansehnlichen Krystallen vor, auch Apatit und Flussspath sind reichlich anwesend; Erze aber spärlich.

Das Aarhuus-Geschiebe, zeigt eine besonders auffallende Rapakiwistruktur. Die 2½ cm grossen Orthoklaseier zeigen sehr deutliche Umrandung und sind dicht gedrängt. Die Färbung ist eine sehr intensive.

Unter dem Mikroskop zeigen sich die drei Feldspatharten, der Plagioklas ist stellenweise schön idiomorph begrenzt. Die Quarze zeigen z. T. scharfe sechsseitige Umgrenzungen, beherbergen z. T. grosse Flüssigkeitseinschlüsse und feine schwarze Nadeln. Unter den Bisilikaten herrscht Glimmer, grüne, faserige, aggregatpolarisirende Flecken scheinen aus Hornblende hervorgegangen zu sein. Recht grosse Zirkone sind reichlich vorhanden. An einzelnen Stellen enthält der Feldspath grobe, gleichzeitig auslöschende Quarzeinlagerungen.

Diesen ziemlich sicher auf Finland zurückführbaren Geschieben reihen sich mehrere andere an, bei denen das eine oder andere wesentliche Merkmal zurücktritt oder fehlt, wenn auch der Gesammthabitus finnischer Stücke gewahrt bleibt. Doch sind die Bestimmungen weniger sicher.

Zuerst ist ein Stück von Schulau zu nennen. Dasselbe ist fast granitisch, grobkörnig, enthält ziemlich idiomorphe Quarze, ist arm an Bisilikaten und sieht makroskopisch einem Rödönrapakiwi ähnlich.

Im Schliff zeigen sich mehr die Eigenschaften der finnischen Rapakiwi, die drei Arten der Feldspathe, reichlicher Zirkongehalt, namentlich im Glimmer, der dann pleochroitische Höfe besitzt; auch recht grosse Zirkone kommen vor, Hornblende fehlt. Andeutungen von Mikropegmatit finden sich nur in einzelnen groben Durchwachsungen der Feldspathe mit gleichzeitig auslöschenden rundlichen Quarzen. Flussspath ist reichlich vorhanden.

Ein Geschiebe vom rothen Kliff auf Sylt ist makroskopisch den Nystader Rapakiwis anzureihen, denen es auch im Schliff ähnlich sieht, doch sind die Zirkone spärlich, auch ist die Gegenwart des Mikroklin, anscheinend nur in Folge von Zersetzung, nicht sicher nachweisbar.

Als Gesammtergebniss ist zu verzeichnen, dass das Vorkommen von finnischem Material in Schleswig-Holstein sicher gestellt ist, dass aber finnische Geschiebe sich zweifellos nur selten finden, und dass bis jetzt keine Stücke gefunden wurden, deren Herkunft aus dem östlichen Rapakiwigebiet sich mit grösserer Wahrscheinlichkeit, als die Herkunft aus der Gegend von Nystad behaupten liesse.

---

5. Ostsee-Quarzporphyr.

H. Hedström [1]) beschrieb Gesteine von ziemlich gleichartigem und charakteristischem Habitus, die sich in der Nähe von Visby auf Gotland als Geschiebe fanden. Auf dem schwedischen Festlande kommen keine mit ihnen vergleichbaren Gesteine vor, und muss die Heimath im Ostseebecken nördlich von Gotland gesucht werden, da auch auf den Ålandsinseln diese Porphyre weder anstehen noch als Geschiebe vorkommen.

E. Cohen und *W. Deecke* [2]) fanden dieselben Gesteine, die sie

---

[1]) H. Hedström. Studier öfver bergarter från morän vid Visby. Geol. fören. i Stockholm förhandlingar 1894. XVI.

— — Om block af postarkaiska eruptiva östersjöbergarter från Gotska Sandön. Ibid. 1895. XVII.

[2]) E. Cohen und W. Deecke. Ueber Geschiebe aus Neuvorpommern und Rügen. Erste Fortsetzung. Mittheilungen des Naturwissenschaftl. Vereins für Neuvorpommern etc. XVIII. 1896.

eingehend beschreiben, in Pommern, sowohl auf dem Festlande als auch auf Rügen und den benachbarten Inseln ausserordentlich häufig, namentlich an der hinterpommerschen Küste gehören sie zu den gewöhnlichsten Vorkommnissen. Nach denselben Autoren ist ein von Schröder van der Kolk [1]) beschriebener Quarzporphyr von Winschoten zu den Ostseequarzporphyren zu rechnen.

V. Milthers [2]) erwähnt Ostseequarzporphyre von Hulehoi, Frerslev Hegn bei Hilleröd und Vilsted Aas bei Stenlille auf Seeland.

A. Jessen [3]) nennt Ostseequarzporphyre aus Strandwällen von Anholt sowie aus geschichtetem Diluvialgrus in Vendsyssel, hier als Seltenheit. Es ist nicht zu erkennen, ob dieser Ostseequarzporphyr dem von Hedström so genannten Ostseequarzporphyr entspricht, oder eine Verallgemeinerung nach Analogie des »Ostseegranits« der schwedischen Geologen darstellt. Anzunehmen ist ersteres, da neben Ostseequarzporphyr noch Ålands- und Rödönquarzporphyr besonders genannt werden.

F. Wiggers [4]) fand in der Umgegend von Lüneburg 2 Quarzporphyre, die alle Merkmale der Ostseequarzporphyre tragen, und einen »Ostseesyenitporphyr«, der makroskopisch manchen Ostseesyenitporphyren ähnlich sieht, mikroskopisch aber nicht.

Herr Professor Dr. E. Cohen überliess mir freundlichst die in der Greifswalder Sammlung befindlichen Ostseequarzporphyre aus der Umgegend von Visby zum Vergleich. Ich konnte auf Grund der mikroskopischen Prüfung mehrere Geschiebe, die die charakteristischen Eigenschaften der Ostseequarzporphyre zeigen, mit diesen identifiziren. Sicher hierher gehören Geschiebe von Schulau, Wittenbergen (2 Stücke) und Langenfelde, die makroskopisch und mikroskopisch genau mit dem einen oder anderen Stück von Gotland übereinstimmen.

Ein Geschiebe von Wittenbergen, das makroskopisch die Merkmale der Ostseequarzporphyre zeigt, weicht mikroskopisch darin ab, dass

[1]) J. L. C. Schröder van der Kolk. Bijdrage tot de kenniss der verspreiding onzer kristallijne zwervelingen. Leiden 1891.

[2]) V. Milthers. Norske Blokke paa Sjaelland. Meddelser fra Dansk geol. Forening No. 5. Kjöbnhavn 1899.

[3]) A. Jessen. Beskrivelse til geol. Kort over Danmark. Kortbladene Laesö og Anholt. Kjöbenhavn 1897. — Kortbladene Skagen, Hirshals, Frederikshavn, Hjörring og Lökken. Danmarks geol. Undersögelse I. Raekke No. 3. Kjöbenhavn 1899.

[4]) Dr. Fritz Wiggers. Zur Kenntniss des Diluviums der Umgegend von Lüneburg. Zeitschrift für Naturwissenschaften. 72. Bd. Stuttgart 1899.

die Aureolen um den Quarz, der überhaupt nur spärlich und in kleinen Einsprenglingen vorkommt, fehlen oder nur eben angedeutet sind. Besonders auffallend ist, dass einige grosse Feldspatheinsprenglinge reichlich mikropegmatitische Durchwachsungen mit Quarz besitzen. Die Augitumrisse, bei den normalen Ostseequarzporphyren mit chloritischen Substanzen erfüllt, sind hier reichlich vorhanden, indessen nur mit sekundärem Quarz und Eisenoxyden ausgefüllt. Ob das Geschiebe, dessen Grundmasse übrigens in ihrem Reichthum an nadelförmigen Quarzdurchschnitten derjenigen der Ostseequarzporphyre völlig gleicht, hierher gehört, muss dahin gestellt bleiben.

---

6. Porphyre aus Dalarne.

(Quarzporphyr und Glimmerporphyrit).

Litteratur über das Anstehende.

A. E. Törnebohm. Ueber die Geognosie der schwedischen Hochgebirge. Bihang till kgl. sv. vetenskap akad. handlingar. I. Stockholm 1873. Pag. 9 ff.

— — Beskrifning till blad No. 1 af geolog. öfversigtskarta öfver mellersta Sveriges bergslag. Stockholm 1880. Pag. 21.

— — Grunddragen af Sveriges geologi. Stockholm 1894. pag. 34 ff.

— — Grunddragen af det centrala Scandinaviens bergbygnad. Kongl. sv. vetenskap akad. handl. XXVIII. No. 5. Stockholm 1896 pag. 119

E. Svedmark. Geologiska meddelanden från resor i Dalarne och Helsingland. Geol. fören. i Stockholm förhandl. XIII. 1891.

— — Orsa Finmarks geologi. Ibid. XVII. 1895.

(Beide Arbeiten zusammen in Sveriges geol. undersökning. Ser. C. No. 147. Stockholm 1895).

Otto Nordenskjöld. Ueber basische Ergussgesteine aus dem Elfdaler Porphyrgebiet. Bull. of the geol. Institution of the University of Upsala. I. 1893.

— — Ueber archäische Ergussgesteine aus Småland. Ibid. I. 1893.

A. G. Högbom. Geologisk beskrifning öfver Jemtlands län. Sver. geolog. undersökning. Ser. C. No. 140. Stockholm 1894.

Nach den die Arbeiten A. E. Törnebohms begleitenden Karten stehen Porphyre vom linken Ufer des Klarelf bis nahe an den Ljusnan hinan an, finden sich also ausser in Dalarne noch in Theilen von Herjeådalen und Helsingland. In der »Geognosie« werden der Bredvadporphyr, der sich wenigstens bis nach Lillherdal nach Norden erstreckt, und der Venjanglimmerporphyrit, der im Süden des Venjansee ansteht, etwas genauer, andere Arten werden in der genannten und den anderen Arbeiten nur oberflächlich charakterisirt.

E. Svedmark giebt detaillirte Beschreibungen einiger im Kirchspiel Orsa anstehenden Porphyre, weniger eingehend sind die Schilderungen der Porphyre von Orsa Finmark.

Beide Autoren betonen den ausserordentlich verschiedenartigen Habitus der in dem bezeichneten Gebiet vorkommenden Porphyre.

O. Nordenskjöld nimmt gelegentlich Bezug auf die Quarzporphyre Dalarnes ohne sie genauer zu beschreiben.

Litteratur über Geschiebe.

Die Angabe »Quarzporphyr aus Elfdalen« findet sich in der älteren Geschiebelitteratur mehrfach. Wie Cohen und Deecke bemerken, wird höchst wahrscheinlich eine ganze Anzahl dieser Angaben als unsicher auszumerzen sein. Als zuverlässig können folgende Angaben angesehen werden:

Hj. Sjögren [1]) fand auf Helgoland Venjanporphyrit, Blybergporphyr und Bredvadporphyr (?).

G. de Geer [2]) bezeichnet Dalarneporphyre als in Schonen häufig vorkommende Geschiebe.

Hj. Lundbohm [3]) fand in der »Silurmoräne« von Tormarp (Schonen) verschiedene Dalarneporphyre, mehrere Stücke Bredvadporphyr, Ranåsenporphyr von Elfdalen und Porphyre aus dem Kirchspiel Orsa. Auch von anderen Gegenden Schonens werden wiederholt »Elfdalporphyre« genannt, oft mit Ålandsgesteinen vergesellschaftet.

Im mittleren Schweden fand derselbe Dalarneporphyre »in einem so weiten Umkreis, dass man sich sehr wohl denken kann, dass sie

[1]) Hj. Sjögren. Om skandinaviska block och diluvial bildningar på Helgoland. Geol. fören. förhandl. VI. 1883.

[2]) G. de Geer. Beskrifning til kartbladet Lund. Sver. geol. undersökning. Ser. A. No. 92. Stockholm 1887.

— — Om den skandinaviska landisens andra utbredning. Ibid. Ser. C. No. 68. Stockholm 1884.

[3]) Hj. Lundbohm. Om de äldre baltiska isströmmen i södra Sverige. Geol. fören. i Stockholm förhandl. X. 1888.

von Eis, welches von Norden oder Nordost kam, hingeführt wurden« (loc. cit. pag. 20—21). [1])

F. Klockmann's [2]) Angaben über Elfdalener Quarzporphyre in der Mark sind ziemlich unbestimmt gehalten, dagegen wird das Vorkommen des Venjanporphyrit in der Mark bestimmt behauptet.

J. L. C. Schröder van der Kolk [3]) giebt an, dass Geschiebe von Markelo, Tongeren, Winschoten, Groenlo, Ootmarsum mit dem von ihm bei Elfdalen gesammelten Material übereinstimmten. Für einige andere Geschiebe wird die Herkunft als fraglich bezeichnet.

V. Madsen [4]) berichtet, dass sich bei Cromer in England zwei Quarzporphyre fanden, die von Svedmark bestimmt wurden, der eine ein Grönklittporphyr aus dem Kirchspiel Orsa, der andere, weniger sicher bestimmt, wird als Felsitporphyr aus Dalarne bezeichnet.

H. Hedström [5]) fand Venjanporphyrit in einer Moräne bei Visby auf Gotland.

J. Korn [6]) beschreibt mehrere Geschiebe aus der Königsberger Gegend, deren Herkunft aus Dalarne nur als wahrscheinlich oder möglich hingestellt wird. Bemerkenswerth ist, dass in Ostpreussen die typischen Gesteine von Elfdalen also zu fehlen scheinen, oder recht selten sind. Der Bredvadporphyr, dessen Vorkommen sicher gestellt ist, steht auch nördlich und nordöstlich von Elfdalen an.

E. Cohen und *W. Deecke* [7]) fanden vereinzelt Stücke, die sich von den Bredvadporphyren nicht unterscheiden lassen, vermissten aber die besonders typischen Gesteine aus Dalarne, wie z. B. Cancrinit-Aegirinsyenit, Felsitporphyr von Elfdalen u. s. w. Sie berichtigen

---

[1]) Erwähnt sei hier noch als Bestätigung dieser Ansicht die Angabe A. E. Törnebohms (Geol. beskrifning til kartbladet Upperud, Sver. geol. undersökning Ser. Aa. No. 37. Stockholm 1870) dass in einer Moräne am Wenern Gesteine aus Dalarne neben Hyperiten u. s. w. vorkommen.

[2]) G. Berendt und W. Dames. Geognostische Beschreibung der Umgegend von Berlin. Die Diluvialgeschiebe von F. Klockmann. Jahrb. Preuss. geol. Landesanstalt Berlin 1885.

[3]) J. L. C. Schröder van der Kolk. Bijdrage tot de kenniss der verspreiding onzer kristallijne zwervelingen. Leiden 1891.

[4]) V. Madsen. Scandinavian boulders at Cromer. Quarterly journal geol. society. Vol. XLIX. 193. London 1893.

[5]) H. Hedström. Studier öfver bergarter från morän vid Visby. Geol. fören. i Stockholm förhandl. XVI. 1894.

[6]) Johannes Korn. Ueber diluviale Geschiebe der Königsberger Tiefbohrungen. Jahrbuch der kgl. preuss. geolog. Landesanstalt für 1894. Berlin 1895.

[7]) E. Cohen und W. Deecke. Ueber Geschiebe aus Neuvorpommern und Rügen. Mittheilungen des naturwissenschaftl. Vereins für Neuvorpommern und Rügen. XXIII. 1891. Erste Fortsetzung. Ibid. XXVIII. 1896.

einige Angaben Korn's, wonach mehrere der von ihm auf das Wiborger Massiv bezogene Quarzporphyre zu den Bredvadporphyren zu stellen sind. Die Hauptverbreitung der Dalarneporphyre erwarten die genannten Forscher in den von Pommern westlich gelegenen Gegenden.

J. Martin [1]) nennt aus Oldenburg Geschiebe, die mit Vorkommnissen aus den Kirchspielen Orsa, Mora, Elfdalen, Särna, Venja und Lima übereinstimmen. Genauer werden Klyttberg- und Bredvadporphyr besprochen. Gesteine mit Dalarnetypus kommen nach Martin in Oldenburg recht häufig vor, doch hält er es nicht für ausgeschlossen, dass ein Theil dieser Gesteine dem nördlich von Dalarne liegenden Herjeådal entstammt. Für die Bestimmung der Transportrichtung macht dies indessen nicht viel aus.

K. Rördam [2]) bestimmte aus dem oberen Geschiebemergel des nordöstlichen Seeland verschiedene Arten von Dalarneporphyren.

N. V. Ussing und *V. Madsen* [3]) nennen Bredvadporphyr von Hindsholm.

A. Jessen [4]) fand auf der Insel Anholt Grönklittporphyr, Bredvadporphyr, rothen Granitporphyr und Åsenporphyr aus Dalarne, ferner »Dalarneporphyr mit Fluidalstruktur«, Christinehamnporphyr. Nach demselben Autor kommt in Vendsyssel Bredvadporphyr spärlich neben norwegischen Gesteinen in dem Yoldienthon vor, Bredvad-, Grönklitt-, Klittberg-, Blybergporphyre finden sich in »Diluvialgrus«, einer fluvioglacialen, dem oberen Diluvium dieses Gebiets angehörenden Bildung.

V. Madsen [5]) nennt von Samsö an Dalarnegesteinen den Grönklittporphyr, Bleketporphyr, Bredvadporphyr, Åsenporphyr, Christinehamnporphyr und Klittbergporphyr. Diese Porphyre scheinen dort häufig zu sein, wenigstens nennt Madsen sie von zahlreichen Fundorten.

V. Milthers [6]) fand Bredvadporphyr bei Selsö, Hilleröd und Stenlille

---

[1]) J. Martin. Diluvialstudien II. Das Haupteis ein baltischer Strom. X. Jahresbericht des naturw. Vereins Osnabrück für 1893/94. Osnabrück 1895.

[2]) K. Rördam. De geologiske forhold i det nordöstl. Sjaelland. Danmarks geol. Undersögelse No. 3. Kjöbnhavn 1893.

[3]) N. V. Ussing og Victor Madsen. Beskrivelse til geol. Kort over Danmark. Kortbladet Hindsholm. Ibid. 1 Raekke No. 2. Kjöbnhavn 1897.

[4]) A. Jessen. Beskrivelse til geol. Kort over Danmark. Kortbladene Laesö og Anholt. Danmarks geol. Undersögelse. 1 Raekke No. 4. Kjöbenhavn 1897.

— — Beskrivelse til geol. Kort over Danmark. Kortbladene Skagen, Hirshals, Frederikshavn, Hjörring og Lökken. Ibid. 1 Raekke No. 3. Kjöbenhavn 1899.

[5]) V. Madsen. Beskrivelse til geol. Kort over Danmark. Kortbladet Samsö. Ibid. 1 Raekke No. 5. Kjöbnhavn 1897.

[6]) V. Milthers. Norske Blokke paa Sjaelland. Meddelser fra dansk geol. Foren. No. 5. Kjöbnhavn 1899.

auf Seeland, an letzterem Fundort auch noch »andere Dalarneporphyre in verschiedenen Arten«.

K. von Kraatz-Koschlau [1]) nennt Bredvadporphyr (?), Feldspathporphyr und Dalaporphyr als verbreitete und z. T. häufige Geschiebe aus der Umgegend von Halle.

F. Wiggers [2]) führt drei aus der Lüneburger Gegend stammende Quarzporphyre auf Elfdalen zurück. Ein Stück gleicht dem Blybergporphyr, ein zweites ist höchst wahrscheinlich ein Bredvadporphyr, das dritte ähnelt dem jüngeren dunkelbraunen Porphyr von Elfdalen, weicht aber durch reichen Gehalt an Quarzeinsprenglingen ab.

Nicht zu übersehen ist der Umstand, dass nur in einigen der vorstehend aufgezählten Arbeiten auch mikroskopische Prüfung erfolgt zu sein scheint, so bei Sjögren, Schröder van der Kolk, Klockmann, Hedström, Korn, Cohen und Deecke, Martin, von Kraatz-Koschlau, Wiggers.

Wenn trotz der Nothwendigkeit mikroskopischer Untersuchung gerade der Dalarneporphyre auch Arbeiten, in denen die mikroskopische Prüfung nicht ausdrücklich erwähnt wird, hier unter denen genannt sind, deren Resultate als brauchbar zur Gewinnung weiterer Schlussfolgerungen anzusehen sind, so ist dies deshalb geschehen, weil eine so grosse Zahl verschiedener Typen von Dalarnegesteinen in ihnen erwähnt wird, dass dadurch die Bestimmungen an Wahrscheinlichkeit gewinnen. Das Zusammenvorkommen gerade verschiedener Typen muss den Herkunftsangaben eine kräftige Stütze verleihen.

Quarzporphyr.

Wie bereits mitgetheilt, stimmen alle schwedischen Geologen, die das Quarzporphyrgebiet von Dalarne, Helsingland u. s. w. besucht haben, darin überein, dass das Gebiet ungemein reich an verschieden aussehenden Porphyren ist. Das mir zur Verfügung stehende Vergleichsmaterial entstammt nur der Umgegend von Elfdal. Demnach wird eine sichere Bestimmung unserer Geschiebe auf erhebliche Schwierigkeiten stossen.

---

[1]) K. von Kraatz-Koschlau. Glacialstudien aus der Umgegend von Halle. N. Jahrbuch für Mineralogie etc. 1898. II. Bd.

[2]) Dr. Fr. Wiggers. Zur Kenntniss des Diluviums der Umgegend von Lüneburg. Zeitschrift für Naturwissenschaften. 72 Bd. Stuttgart 1899.

Indessen kann als sicher angenommen werden, dass Dalarneporphyre unter den in Schleswig-Holstein reichlich vorkommenden Quarzporphyren einen bedeutenden Antheil haben. Ist doch die Transportrichtung durch die — im Vergleich zu den Nachbargebieten — relativ reichliche Gegenwart des Cancrinit-Aegirinsyenit festgestellt, und kann von einer ganzen Anzahl unserer Quarzporphyrgeschiebe wenigstens eine sehr nahe Uebereinstimmung mit Gesteinen dieses Gebiets behauptet werden.

Unter diesem Eindruck stand auch Herr Professor E. Cohen, dem ich eine Anzahl Quarzporphyre zusandte, mit der Bitte, sie durchsehen und mir Vergleichsmaterial überlassen zu wollen. Er schreibt mir auf Grund des makroskopischen Vergleichs: »Zweifellos ist Material aus Dalarne und den benachbarten Porphyrgebieten in Ihrer Gegend recht reichlich vertreten.«

An näher bestimmbaren Quarzporphyren ist zunächst der Bredvadporphyr zu nennen, der in der Umgegend von Hamburg nicht selten ist.

Angesichts der genauen Beschreibungen, die u. a. J. Martin und E. Cohen und W. Deecke gegeben haben, ist eine Wiederholung hier überflüssig.

Stücke, die in allen Merkmalen mit den Vergleichsstücken übereinstimmen, lagen vor von Bahrenfeld, Schulau, Wittenbergen, Tinsdahl, Lüneburg, Westerland, zum Theil in mehreren Exemplaren.

Der durch seine schöne Fluidalstruktur ausgezeichnete braune bis schwarze Felsitporphyr von Elfdalen konnte Dank dem Vergleichsmaterial in Geschieben von Schulau, Rissen bei Blankenese, Bahrenfeld bei Altona, Wulfsdorf bei Ahrensburg, Helgoland und Munkmarsch auf Sylt wiedererkannt werden. Die Uebereinstimmung ist eine absolute oder doch sehr vollkommene. Auf Einzelbeschreibungen muss verzichtet werden, weil trotz mancher gemeinsamer Züge fast jedes Stück seine besonderen Eigenthümlichkeiten hat, weil andererseits auch eine noch so genaue Beschreibung dem Geschiebeforscher den direkten Vergleich mit Stücken aus dem Anstehenden nicht ersparen kann.

Mit Mikrograniten aus der Umgegend von Elfdalen (mit vollständig auflösbarer Grundmasse) stimmen Geschiebe von Schulau und Ahrensburg überein.

Venjanporphyrit.
(Quarzglimmeraugitdioritporphyrit).

Zu diesem im Süden vom Venjansee in Dalarne anstehenden Gestein gehören nach einer freundlichen Mittheilung von Herrn Professor A. E. Törnebohm zwei Geschiebe, von Bahrenfeld und Gross-Hansdorf bei Ahrensburg. Bei oberflächlicher Betrachtung granitähnlich aussehend, erweisen sie sich bei genauerer Untersuchung als porphyrische Gesteine. In einer sehr feinkörnigen, grauen bis gelblichgrauen Grundmasse liegen, undeutlich hervortretend, graue bis gelbliche Feldspatheinsprenglinge, nicht scharf begrenzt, und zahlreiche z. T. sechsseitige dunkle Glimmertafeln.

Mikroskopisch sind sie ausserordentlich ähnlich, so dass sie zusammen beschrieben werden können, der einzige Unterschied besteht darin, dass das Geschiebe von Bahrenfeld reicher an rhombischem Pyroxen und ärmer an Augit ist, als dasjenige von Gross-Hansdorf bei Ahrensburg.

Als Einsprenglinge treten Plagioklas, zwei Pyroxene und dunkler Glimmer auf. Der Plagioklas ist meist allotriomorph begrenzt, z. T. zonar gebaut.

Der rhombische Pyroxen tritt in Form von Säulen auf, die Andeutungen von domatischen Endigungen zeigen. Pleochroismus ist bei der sehr hellen Farbe nur sehr schwach, gelblich zu gräulich. Der Augit ist sehr hell gelb, fast farblos, reich an prismatischen Spaltrisssen und orthopinakoidalen Absonderungsflächen. Die Umgrenzungen sind sehr unregelmässig, zackig und löchrig, Quarz und Glimmer erscheinen eingewachsen. Z. T. sind die Körner von zahlreichen strichförmigen Interpositionen durchspickt. Zwillinge nach dem Orthopinakoid wurden mehrfach beobachtet. Oft ist Glimmer randlich angewachsen. Reichlicher als die Pyroxene findet sich brauner, stark pleochroitischer Glimmer in dicken Tafeln, dessen Begrenzungen unter dem Mikroskop meist unscharf aussehen, weil am Rande Quarzkörnchen eingewachsen erscheinen. Hornblende kommt vereinzelt vor. Zirkon und Apatit sind spärlich, doch in deutlichen Krystallen vorhanden, Erze finden sich in grösseren lappigen Parthien.

Die Grundmasse erscheint wie ein feinkörniges, bienenzelliges Gewebe von klarem Quarz und trübem Feldspath, beide in rundlichen Körnern, die augenscheinlich gleichzeitig auskrystallisirt sind.

Anmerkung während des Druckes: Ich fand noch Venjanporphyrit am Strande von Munkmarsch auf Sylt.

Bezüglich des Weges, den die Dalarnegesteine eingeschlagen haben, um nach Schleswig-Holstein zu gelangen, möchte ich gegenüber J. Martin, der die von Dalarne ausgehenden Eismassen ihren Hauptabfluss nach Südosten finden und die Geschiebe mit den baltischen zusammen nach Südwesten gelangen lässt, die Annahme eines direkten Transports von Dalarne nach Süden und Südwesten verfechten. Als Hauptgrund, der ihm gegen eine direkte Bewegung über Vermland, Dalsland u. s. w. nach Norddeutschland spricht, wird das Fehlen oder die Seltenheit solcher Geschiebe bezeichnet, die der von Dalarne ausgehende Eisstrom von Vermland und benachbarten Gebieten hätte mitnehmen müssen, also z. B. der Hyperite und des Varberggneiss.

Für einen direkten Abfluss von Dalarne zu uns sprechen nach meiner Ansicht folgende Thatsachen: Von Schleswig-Holstein bis nach Dalarne sind in dem ganzen zwischenliegenden Gebiet, soweit es auf Geschiebe hin untersucht worden ist, Dalarnegeschiebe bekannt geworden. Im nördlichen Jütland herrschen sie gegenüber den baltischen vor.

Was Gesteine aus dem südwestlichen Schweden, die mit den Dalarnegeschieben hätten zu uns gelangen müssen, angeht, so ist ja richtig, dass Hyperite bisher nur noch selten bekannt geworden sind. Aber die in Südwestschweden verbreiteten Kinnediabase sind in Schleswig-Holstein so gewöhnlich, werden auch von dänischen Geologen[1]) als so häufig genannt, dass man kaum annehmen kann, sie seien nur von Schonen herstammend, sondern man wird unbedingt die grösseren Kinnediabas-Vorkommnisse Billingen, Kinnekulle etc. mit zu Hülfe nehmen müssen, um so mehr, als Basalte von Schonen in Dänemark selten zu sein scheinen. Citirt doch z. B. Rördam nur die Eichstädtschen Funde, ohne eigene zu erwähnen, weiss doch unter den übrigen Geologen, die sich mit Geschieben befasst haben, nur noch V. Milthers[2]) einen, noch dazu mit ? bezeichneten Fund von schonenschem Basalt zu nennen.

Beiläufig sei noch eines auffallenden Hornblendegneiss gedacht, der bei Wetterade in Holstein gefunden wurde. Er ist

[1]) K. Rördam. De geologiske Forhold i det nordöstl. Sjaelland. Danmarks geol. Undersögelse. No. 3. Kjöbnhavn 1893.

V. Madsen. Beskrivelse til geol. Kort over Danmark. Kortbladet Samsö. Kjöbnhavn 1897.

Rördam bezeichnet sie als ganz gewöhnliche Geschiebe, Madsen zählt von Samsö 29 Fundorte auf.

[2]) V. Milthers. Norske blokke på Sjaelland-Meddelser fra Dansk geol. Forening No. 5 Kjöbnhavn 1899.

charakterisirt durch papierdünne, 3 mm breite und mehrere cm lange Hornblendesäulen. Herr Prof. Törnebohm, dem ich das Stück einsandte, bezeichnet es als ganz ungewöhnlich und bemerkt, dass ein sehr ähnliches Gestein bei Rudsbyn im Kirchspiel Långserud, SW Vermland vorkommt.

Auch scheinen die Verhältnisse in Pommern und Preussen für meine Auffassung zu sprechen. Sicher hat ein Theil der Dalarnegeschiebe seinen Weg nach Südosten genommen und ist mit den baltischen Eismassen weiter befördert worden, da aber in Pommern und Preussen z. B. kein einziger der typischen Elfdalporphyre gefunden wurde, scheint dieser Transport ein relativ unbedeutender gewesen zu sein. Wäre eine bedeutendere Menge von Elfdalgeschieben ins Ostseebecken gelangt, so hätten sich diese auch gleich den vereinzelten Cancrinitaegirinsyeniten mit anderen baltischen Gesteinen nach Preussen und Pommern bewegen müssen, wo doch Ålandsgesteine ganz regelmässig vorkommen.

Schliesslich sei noch erwähnt, dass in den Beschreibungen zu den Kartenblättern der schwedischen Landesaufnahme z. B. in der Umgegend des Mälarsees nur ganz vereinzelt von Dalarneporphyren die Rede ist, wogegen in den südlich und südwestlich von Dalarne gelegenen Gebieten Dalarnegesteine häufiger als Geschiebe vorzukommen scheinen. [1])

Ganz besonders aber spricht auch für einen direkten Transport nach Norddeutschland, dass sowohl vom Christianiagebiet als auch von den Rapakiwigebieten Geschiebe zu uns gelangten, so dass ein direkter Transport aus den dazwischen liegenden Gegenden überaus wahrscheinlich ist.

Jedenfalls kann Dalarne als ein Gebiet bezeichnet werden, das wesentlich zu dem Geschiebematerial des hier speziell bearbeiteten Gebiets beigetragen hat. Wir haben die charakteristischen Cancrinitaegirinsyenite in einer sonst nirgends bekannt gewordenen Menge nachgewiesen, zahlreiche Quarzporphyre stimmen mit Elfdalporphyren überein, Bredvadporphyr ist häufig gefunden, Venjanporphyrit ist vertreten. Nehmen wir die Oejediabase und Åsbydiabase hinzu, so ergiebt sich, dass fast die Gesammtheit der für Dalarne charakteristischen Eruptivgesteine sich unter unseren Geschieben wiederfindet.

---

[1]) Zu den oben gegebenen Citaten sei noch ergänzend hinzugefügt: A. E. Törnebohm. Beskrifning til kortbladet Åmål. Sv. geol. undersökning. Ser. Aa No. 34. 1870. Neben einheimischen Geschieben finden sich bei Åmål vorzugsweise solche aus Dalarne und Vermland.

7. Granitporphyre und Hälleflinten aus Småland.

Granitporphyr (Påskallavik- und Sjögelöporphyr).

Litteratur über die Geschiebe.

E. Cohen und *W. Deecke* [1]) bezeichnen die Påskallavikporphyre als in Pommern ganz besonders häufige Geschiebe. Litteratur über Anstehendes und Geschiebe bis 1896 sind dort angegeben.

Nachzutragen ist zu den Litteraturangaben:

K. Rördam [2]) fand Påskallavikporphyr im oberen Geschiebemergel von Seeland.

V. Madsen [3]) nennt von Samsö Granitporphyr mit Quarzeinsprenglingen und solchen ohne Quarzeinsprenglinge aus Kalmar län. Nähere Angaben über diese Porphyre fehlen.

(Auf Småland werden ferner verschiedene Granite, wie: Virbo-, Tuna-, Knitan-, Mörkfos- und Smålandsgranit bezogen.)

N. V. Ussing und *V. Madsen* [4]) erwähnen Quarzporphyr aus Kalmar län von Fühnen.

V. Milthers [5]) berichtet über das Vorkommen von Påskallavikporphyr bei Stenlille, Seeland.

A. Jessen [6]) fand auf Laesö und Anholt keine Småländer Gesteine. In Vendsyssel werden Småländer Granite und Påskallavikporphyre als seltenere Geschiebe in dem fluvioglacialen Diluvialgrus genannt, während sie in den moränenartigen Ablagerungen fehlen.

Nach *K. von Kraatz-Koschlau* [7]) ist der Påskallavikporphyr bei Halle verbreitet aber nicht häufig.

---

[1]) E. Cohen und W. Deecke. Ueber Geschiebe aus Neuvorpommern und Rügen. Erste Fortsetzung. Mitth. des naturw. Vereins für Neuvorpommern und Rügen. 1896.

[2]) K. Rördam. De geologiske Forhold i det nordostlige Sjaelland. Beskrivelse til Kortbladene Helsingör og Hilleröd. Danmarks geol. Undersögelse No. 3. Kjöbnhavn 1893.

[3]) V. Madsen. Beskrivelse til Kortbladet Samsö. Ibid. 1 Raekke No. 5. 1897.

[4]) N. V. Ussing og V. Madsen. Beskrivelse til Kortbladet Hindsholm. Iibid. 1 Raekke No. 2. 1897.

[5]) V. Milthers. Norske Blokke på Sjaelland. Meddelser fra Dansk geol. Forening No. 5. Kjöbnhavn 1899.

[6]) A. Jessen. Beskrivelse til Kortbladene Laesö og Anholt. Danmarks geolog. Undersögelse. 1 Raekke No. 4. Kjöbenhavn 1897.

— — Beskr. til Kortbladene Skagen, Hirshals, Frederikshavn, Hjörring og Lökken. Ibid. I. Raekke No. 3. 1899.

[7]) K. von Kraatz-Koschlau. Glacialstudien aus der Umgegend von Halle. Neues Jahrbuch für Mineralogie. 1898. II. Bd.

F. Wiggers[1]) fand in der Umgegend von Lüneburg mehrere Geschiebe, die den Påskallavikporphyren Smålands völlig gleichen, zwei Geschiebe sind höchst wahrscheinlich Sjögelöporphyre.

In der Umgebung Hamburg's sind »Påskallavikporphyre« ganz regelmässige Erscheinungen. Sie finden sich meist in kleineren, zuweilen aber auch in kopfgrossen Blöcken.

Nach O. Nordenskjöld[2]) sind unter den früher als »Påskallavikporphyr« bezeichneten Gesteinen verschiedene Typen zu unterscheiden, die sowohl durch ihr geologisches Auftreten als auch ihre petrographischen Eigenschaften charakterisirt sind, wenn auch die Unterscheidung, da sich Uebergänge finden, oft schwierig ist.

Auf Grund des mir von Herrn Professor E. Cohen freundlichst zur Verfügung gestellten Vergleichsmaterials konnten die Geschiebe, soweit sie mikroskopisch untersucht wurden, den von Nordenskjöld aufgestellten Gruppen — soweit die Unterscheidung rein petrographisch möglich ist — zugetheilt werden.

Den eigentlichen Påskallaviktypus stellen Geschiebe von Schulau und Krakow in Mecklenburg, beide Fundorte in je zwei mikroskopisch untersuchten Exemplaren vertreten, dar. Ein aus der Kieler Gegend stammendes Geschiebe fällt makroskopisch durch seine hellgraue Farbe auf, die den reichlichen Glimmergehalt deutlicher als sonst hervortreten lässt, zeigt aber sonst mikroskopisch alle Eigenschaften der Påskallavikporphyre.

Geschiebe, die makroskopisch den Påskallavikporphyren gleichen, mikroskopisch aber die Eigenschaften des Sjögelötypus zeigen, liegen vor von Wulfsdorf bei Ahrensburg, Ahrensburg, Brothener Ufer bei Travemünde, Johannisthal bei Heiligenhafen (Ost-Holstein), Geesthacht (an der Elbe unterhalb Lauenburg) und Lüneburg.

Weitere nur makroskopisch untersuchte Geschiebe von småländischem Granitporphyr (Påskallavikporphyr) liegen vor von Schulau, Kiel, Habernis (Geltinger Bucht), Helgoland.

---

[1]) Dr. Fritz Wiggers. Zur Kenntniss des Diluviums der Umgegend von Lüneburg. Zeitschrift für Naturwissenschaften. 72 Bd. Stuttgart 1899.

[2]) Otto Nordenskjöld. Om de porfyriska gångbergarterna i östra Småland. Geol. fören. i Stockholms förhandl. XV. 1893 und Sveriges geol. undersökning. Ser. C. No. 133 pag. 6.

— — Ueber archäische Ergussgesteine aus Småland. Bull. of the geol. Institute of Upsala. 1893. I. Pag. 154 und 186.

Hälleflinta.

Die Litteratur über das Anstehende findet sich bei E. Cohen und W. Deecke,[1]) welche nachwiesen, dass Smäländer Hälleflinten in Neuvorpommern und Rügen höchst wahrscheinlich sehr reichlich unter den Geschieben vertreten sind.

J. Martin[2]) theilt mit, dass im ganzen Herzogthum Oldenburg Hälleflinten ungemein zahlreich sind, und dass viele Stücke nach Herrn Dr. Lundbohms Meinung mit småländischen Vorkommnissen sehr nahe übereinstimmen.

K. von Kraatz-Koschlau[3]) nennt »Archäischen Porphyr« (Hälleflinta) aus Småland und »Felsit« ebendaher als verbreitete und häufige Geschiebe aus der Gegend von Halle.

F. Wiggers[4]) fand Småländer Hälleflinten in der Umgegend von Lüneburg.

Die Schwierigkeiten, die sich der Bestimmung des Heimathsgebiets von Hälleflinten entgegenstellen, sind, wie E. Cohen und W. Deecke hervorheben (loc. cit. pag. 28), ausserordentlich gross, da die Gesteine im Anstehenden einen so enormen Wechsel der Ausbildungsformen besitzen, dass eine genauere Identifikation selbst, wenn sehr reichliches Vergleichsmaterial zur Verfügung steht, oft unmöglich erscheint.

Ich sandte einen grossen Theil der zur Untersuchung stehenden Hälleflintgeschiebe des hamburgischen Museums an Herrn Professor E. Cohen, der sich der grossen Mühe, die dazu passenden Vergleichsstücke aus seiner Sammlung herauszusuchen und mir zu übersenden, in liebenswürdigster Weise unterzog. Neben diesen Stücken aus dem Anstehenden stellte er mir eine grosse Anzahl von Schliffen von Hälleflintgeschieben zur Verfügung.

Dank diesem Vergleichsmaterial konnte ich mehrere der verschiedenen Typen, die O. Nordenskjöld beschreibt, unter unseren

---

[1]) E. Cohen uud W. Deecke. Ueber Geschiebe aus Neuvorpommern und Rügen. Mittheilungen des naturwissenschaftl. Vereins für Neuvorpommern und Rügen. XXVIII. 1896.

[2]) J. Martin. Diluvialstudien II. Das Haupteis ein baltischer Strom. X. Jahresbericht des naturw. Vereins zu Osnabrück. 1895.

[3]) K. von Kraatz-Koschlau. Glacialstudien aus der Umgegend von Halle. Neues Jahrbuch für Mineralogie. 1898. II. Bd.

[4]) Dr. Fritz Wiggers. Zur Kenntniss des Diluviums der Umgegend von Lüneburg. Zeitschrift für Naturwissenschaft. 72 Bd. Stuttgart 1899.

Geschieben wieder erkennen. Allerdings waren Stücke, die makroskopisch und mikroskopisch mit den Stücken aus dem Anstehenden vollständig übereinstimmten, nur vereinzelt vorhanden, doch waren die bestehenden Abweichungen oft nur geringfügig. Da nun durch das reichliche Vorkommen der Påskallavikporphyre der Transport von Småland her als bestimmt nachgewiesen angesehen werden kann, wird unbedenklich für eine erhebliche Anzahl der bei uns vorkommenden Hälleflinten die gleiche Heimath angenommen werden dürfen.

Wenn nachstehend einzelne Geschiebe bestimmten Typen zugewiesen werden, so können diese Bestimmungen aus den bereits oben angegebenen Gründen nur als mit grosser Wahrscheinlichkeit richtige, nicht absolut sichere angesehen werden. Indessen liegt in dem Vorkommen verschiedener Typen, die sich auch in Småland finden, eine gute Stütze für die grosse Wahrscheinlichkeit ihrer Herkunft von dort.

An die sericitische Hälleflinta vom Langemålatypus schliesst sich ein Geschiebe von Bahrenfeld sehr nahe an.

Zu den granophyrartigen Gesteinen vom Nymålatypus gehört ein Geschiebe von Wulfsdorf bei Ahrensburg. Nach Nordenskjöld ist dieser Typus im Sjögelögebiet in Småland recht verbreitet, während derselbe in anderen Gebieten Schwedens nicht vorzukommen scheint. Als charakteristisch bezeichnet Nordenskjöld die Leistenform der in der Grundmasse häufigen Plagioklase, die in dem Geschiebe vielleicht noch etwas deutlicher hervortritt, als in dem Vergleichsstück. Das Geschiebe ist reich an Biotitflasern mit Epidot, die dem Vergleichsstück fehlen, doch werden diese Gebilde in der Beschreibung genannt.

Den Eodaciten schliessen sich Geschiebe von Altona, Helgoland und Wenningstedt auf Sylt an, ein Stück von Lüneburg stellt die eorhyolitische Ausbildungsform dar.

Eutaxitische Hälleflinta liegt vor in einem Stück von Bahrenfeld.

Vulkanische Breccien (Agglomeratlava) wurden bei Schulau und Bahrenfeld gefunden.

Als Kugelfels liessen sich Stücke vom Krähenberg bei Blankenese und Ahrensburg bestimmen.

Weitaus grösser als die Zahl dieser mit einiger Sicherheit bestimmten Typen Smålands anzureihenden Geschiebe ist die Zahl derjenigen, die zwar den allgemeinen Charakter von småländischen Vorkommnissen tragen, doch nicht genauer bestimmbar waren, weil sie entweder zu wenig charakteristisch sind oder doch einzelne abweichende Eigenschaften zeigen. Dahin gehören Geschiebe von Schulau, Wittenbergen, Bahrenfeld, Hassendorf, Wellingsbüttel, Geesthacht, die zwar wahrscheinlich småländischer Herkunft sind, doch nicht mit grösserer Sicherheit dorther bezogen werden können.

---

8. Die Bewegungsrichtungen des diluvialen Inlandeises.

Die Entwickelung der Ansichten über die Bewegungsrichtungen des diluvialen Inlandeises ist von O. Zeise [1]) dargestellt worden, der auch erkannte, dass in der ersten Eiszeit bereits ein baltischer Strom bestand. Später haben sich verschiedene Forscher über die Bewegungsrichtungen im Allgemeinen und in einzelnen Gebieten ausgesprochen und sind zum Theil zu Ansichten gelangt, die der früher, namentlich auf Grund der de Geer'schen Untersuchungen gewonnenen Anschauung von dem Wechsel der Bewegungsrichtungen während verschiedener Perioden der Diluvialzeit widersprachen.

James Geikie, [2]) dessen grosses Werk über die Eiszeit mehrere Karten über die Bewegungsrichtungen des diluvialen Inlandeises enthält, huldigt der Ansicht von den wechselnden Bewegungsrichtungen. Auf der Tafel, die die Hauptvereisung (die zweite Eiszeit Geikie's) darstellt, finden wir über Norddeutschland vorherrschend nord-südliche Eisbewegung eingetragen, vom 10. Meridian ab westlich weicht die Bewegung etwas nach Westen ab. Während der dritten Eisperiode strömt nach Geikie das Eis vom 60. Parallelkreis ab vorherrschend nach Südwesten, es findet in Norddeutschland annähernd an der Elbe seine Südwestgrenze. Schliesslich wird in der Periode des »baltischen Eisstroms« ein Bild gegeben, das dem von de Geer [3]) gezeichneten entspricht.

Von K. von Kraatz-Koschlau [4]) wurde bereits darauf hingewiesen, dass die Darstellung Geikie's nicht mit dem Geschiebebefund der Umgegend von Halle in Einklang zu bringen ist; ebenso

---

[1]) O. Zeise. Beiträge zur Kenntniss der Ausbreitung, sowie besonders der Bewegungsrichtungen des nordeuropäischen Inlandeises. Königsberg 1899.

[2]) James Geikie. The great Ice Age. London 1894. Tafel IX. X. XI.

[3]) G. de Geer. Om den skandinav. landisens andra utbredning. Geol. fören. i Stockholms förhandl. VII. 1884. Taf. 2.

[4]) K. von Kraatz-Koschlau. Glacialstudien aus der Gegend von Halle. Neues Jahrbuch 1898, II.

ist es nicht möglich, die von Schröder van der Kolk, Martin und Anderen mitgetheilten Ergebnisse ihrer Geschiebestudien in Nordwestdeutschland mit der Anschauung Geikie's in Uebereinstimmung zu setzen. Während für Schleswig-Holstein, welches von Norden und Nordosten Geschiebematerial erhalten hat, die Geikie'schen Darstellungen allenfalls gelten könnten, tritt für die weiter östlich gelegenen Gebiete wieder die Nichtübereinstimmung der Karte bei Geikie und der Darstellung Cohen's und Deecke's deutlich hervor. Aber auch für Schleswig-Holstein ist eine so reinliche Scheidung der Nord-Südbewegung und der Nordost-Südwestbewegung, wie sie auf Geikie's Karten zum Ausdruck gelangt, nicht möglich, zum Mindesten noch sehr hypothetisch.

J. Korn [1]) fasst seine Beobachtungen dahin zusammen, »dass man sich unter Berücksichtigung der schwedischen und åländischen Geschiebe allein über den Eisstrom, der diese Geschiebe nach Ostpreussen transportirte, die Vorstellung bilden könnte, dass er in etwa nord-südlicher Richtung den bottnischen Meerbusen und die Ostseesenke herabgeflossen sei und dabei Eismassen, die ihm aus den bezeichneten Gebieten Schwedens (Dalarne u. s. w.) in NW—SO Richtung zuströmten, aufgenommen habe.«

Da ein reichlicheres Vorkommen ostfinnischer Gesteine in Ostpreussen nicht sicher nachgewiesen ist, kann man annehmen, dass dieser Nord-Südstrom die Hauptbewegungsrichtung für Ostpreussen gewesen ist.

E. Cohen und W. Deecke [2]) schreiben: »Alle verwerthbaren Bestimmungen deuten also darauf hin, dass das Eis, welches unsere vorpommersche Küste erreichte, von den Ålandsinseln an im Ostseebecken gegen Südsüdwest vorgerückt ist und über den Kalmarsund, die småländische Küste und Bornholm unsere Gegend erreichte.« . . . »Zwingende Gründe für die Voraussetzung einer zweiten anderen Flussrichtung fehlen. Als die einzigen Stützen für eine solche könnten die Dalarneporphyre und die wenigen Blöcke von Wiborger Rapakiwi gelten. . . . Schon die geringe Zahl der identifizirten Stücke bei uns zeigt, dass es sich wahrscheinlich um Fremdlinge handelt, die nur

[1]) J. Korn. Ueber diluviale Geschiebe der Königsberger Tiefbohrungen. Jahrbuch der königl. preuss. geolog. Landesanstalt für 1894. Berlin 1895. Pag. 62.

[2]) E. Cohen und W. Deecke. Ueber Geschiebe aus Neuvorpommern und Rügen. Mittheilungen des naturw. Vereins für Neuvorpommern und Rügen. 1896. Pag. 89 u. 90.

Vergl. auch die Karte in E. Cohen und W. Deecke: Liste der häufigeren Rügenschen Diluvialgeschiebe. Sep. Abdruck aus dem »Führer für die Rügen-Exkursion des VII. Internationalen Geographen-Congresses zu Berlin 1899.« Herausgegeben von der Geogr. Gesellschaft zu Greifswald.

unter besonderen Umständen, also am Anfang und Ende der Hauptvereisung durch seitliche Zufuhr in den baltischen Eisstrom geriethen.... Für eine Ost-West gerichtete Eisbewegung fehlen in Pommern jegliche Anhaltspunkte.« ... »Zum Schlusse möge nochmals darauf hingewiesen werden, dass es uns auch bis jetzt nicht gelungen ist, wesentliche Unterschiede in der Geschiebeführung der verschiedenen Stufen des Geschiebemergels nachzuweisen. Das stimmt mit den Resultaten J. Korn's, der auch in Ostpreussen an seinem sorgfältig nach der Tiefe gesammelten und gesonderten Material fand, dass die verschiedenen Horizonte des Diluvium die gleichen Findlinge enthalten.«

Auf Grund der Geschiebeuntersuchungen und des Studiums der orographischen Verhältnisse im Herzogthum Oldenburg und den benachbarten Gebieten kam J. Martin zu dem Resultat, dass das Haupteis ein baltischer Strom war.

»Die Eismassen, welche dem Herzogthum Oldenburg sein Geschiebematerial zuführten, nahmen von Dalarne und Jemtland ihren Ausgang. Von letzterer Provinz flossen sie in nordwest-südöstlicher Richtung nach dem bottnischen Meerbusen ab, folgten der Längsaxe desselben und überschritten die Ålandsinseln, um südlich von diesen den von Dalarne herabkommenden Strom in sich aufzunehmen. Die vereinigten Eismassen Dalarnes und Jemtlands mögen sodann eine kurze Strecke der Ostseeküste gefolgt sein, müssen aber, da sie Bornholmgeschiebe uns nicht lieferten, alsbald wieder, etwa in der Höhe der Nordspitze von Oeland, das Festland betreten haben und von hier zu uns gelangt sein.« [1])

Und ferner: »Das Haupteis war ein baltischer Strom. . . . Es ging alsdann (von dem Festlande bei Oeland) allmählich aus der nordnordost-südsüdwestlichen in eine nordost-südwestliche Richtung über, welche es von Schonen bis zum Unterrhein bewahrte.« [2])

Nach eingehender Prüfung der Verhältnisse in den in der Diluvialzeit vom Inlandeise bedeckten Ländern Nordeuropas gelangt J. Martin zu dem Schluss:

»Aenderungen in der Flussrichtung waren nur die centralen Theile in Folge der wechselnden Lage der Eisscheide und die jeweilig randlichen Parthien des Inlandeises unterworfen, die Bewegungsrichtungen der Hauptmasse des Eises dagegen blieben während aller Entwickelungsphasen einer jeden Invasion überall dieselben.« [3])

---

[1]) J. Martin. Diluvialstudien II. Das Haupteis ein baltischer Strom. Pag. 17.

[2]) — — Ibid. Pag. 61.

[3]) — — Diluvialstudien VII. Ueber die Stromrichtungen des nordeuropäischen Inlandeises. Abh. des naturw. Vereins Bremen XVI. 1898. Pag. 227 (55).

N. V. Ussing [1]) schreibt: »Die Beobachtungen zeigen, dass das Inlandeis nicht immer den gleichen Weg nach Dänemark einschlug, es hat zu verschiedenen Zeiten verschiedene Bewegungsrichtungen gehabt, und man hat dieses Verhalten zu einer Eintheilung der Eiszeit benutzen können. . . . In der mittleren Ostsee hatte das Eis südliche und südwestliche Richtung, aber anstatt in gleicher Richtung über Ostdeutschland fortzuströmen, bog ein Theil nach Westen ab, folgte der Ostseesenke an Bornholm vorbei und breitete sich darauf nach Westen und Nordwesten aus, so dass er sich bis Grenaa erstreckte. . . . Aber vor der Zeit des baltischen Stromes liegt der Hauptabschnitt der Eiszeit. . . . Damals ging das Eis von Skandinavien über ganz Dänemark und weit nach Deutschland hinein, und man kann schon aus dieser grossen Ausbreitung schliessen, dass das Eis damals Dänemark in der Richtung von Nord oder Nordost überschritten haben muss.«

Schleswig-Holstein hat, wie oben gezeigt worden ist, aus verschiedenen Richtungen, die zwischen Nord und Nordost liegen, krystalline Geschiebe erhalten. Auch aus nahezu rein östlicher Richtung sind Geschiebe dorthin gelangt; bis jetzt sind freilich hauptsächlich sedimentäre Geschiebe aus der Gegend von Bornholm nachgewiesen. Man sollte im Westen Norddeutschlands ähnliche Geschiebe erwarten, wie bei uns; es wurde oben versucht, die hauptsächlich in der Seltenheit der Christianiagesteine bestehende Verschiedenheit der Geschiebeführung zu erklären. Wenn ich mir auch dessen bewusst bin, dass die Geschiebestudien noch der Ergänzung bedürfen, so kann doch wohl behauptet werden, dass die Menge des sicher identifizirten Materials nicht hinter dem in den benachbarten Gegenden identifizirten Material zurücksteht, und hat der Versuch, die Verschiedenheit der Transportrichtungen zu erklären, eine gewisse Berechtigung, wenn auch hauptsächlich den, einen Ausgangspunkt für die weitere Forschung zu gewinnen.

Zur Erkennung der Bewegungsrichtungen des Inlandeises bedient man sich bekanntlich der Lage der Endmoränen, Åsar u. s. w., der Richtung der Gletscherschliffe auf anstehendem Fels, der Lage der Rundhöcker und der Verbreitung der Geschiebe.

---

[1]) N. V. Ussing. Danmarks Geologi i almenfatteligt Omrids. Danmarks geologiske Undersögelse. III. Raekke No. 2. Kjöbnhavn 1899. Pag. 188—190.

Ich halte die Geschiebeverbreitung für das wichtigste Moment zur Beantwortung der Frage nach den Bewegungsrichtungen des Inlandeises.

Die Endmoränen, Åsar und Seen sind mehr oder weniger leicht zerstörbar, und wir sind gezwungen ihre Bildung, falls die Stromrichtungen des Inlandeises wechselnde waren, der letzten Vereisung, die das betreffende Gebiet bedeckte, zuzuschreiben und ihre Entstehung in die der Abschmelzung unmittelbar vorhergehende Zeit zu verlegen. Trotzdem sind die uns erhalten gebliebenen Endmoränen von erheblichster Bedeutung, weil sie Ruhelagen des Eisrandes andeuten und weil ihre Richtungen uns verrathen, welche Richtungsänderungen der Eisrand in der Abschmelzzeit erlitt. Die Bedeutung der Lage der Eisgrenze für die Bewegungsrichtung haben die gleich zu besprechenden Untersuchungen von Drygalski's am grönländischen Eise in helles Licht gerückt.

Geringer ist die Bedeutung der Rundhöcker. Nach von Drygalski haben wir eine Inlandeisbewegung von einer Gletscherbewegung zu unterscheiden, zwei Bewegungen, die oft verschiedene Richtung in einer und derselben Eismasse haben können. Die Gestaltung der Rundhöcker kann, wenigstens für den skandinavischen Norden, sehr wohl den Gletschern zugeschrieben werden, die, wie sie am Anfange der Diluvialperiode von den Höhen des centralen Skandinaviens herabstiegen, so auch am Ende, nach Abschmelzung der Haupteismasse, über Skandinavien herabgeflossen sind. Wenn die Alpengletscher im Stande sind, roches moutonnées zu schaffen, muss diese Fähigkeit auch den skandinavischen Gletschern zugeschrieben werden. Im norddeutschen Flachlande wird es freilich zur Bildung von Gletschern (im Gegensatz zu Inlandeis) nicht gekommen sein.

Nicht anders steht es mit den Gletscherschliffen auf anstehendem Fels. Mag auch die Frage nach der Erosionsfähigkeit des Inlandeises noch nicht zu einheitlicher Beantwortung gelangt sein, so viel müssen wir zugeben, dass die Eismassen, die im Stande waren Rundhöckerlandschaften zu schaffen, die in vordiluvialer Zeit irgendwie gestalteten Felsen zu Rundhöckern mit ihren gesetzmässigen Formen, Stoss- und Leeseiten umbilden konnten, auch im Stande gewesen sein müssen, die Felsoberflächen so weit abzuschleifen, dass etwa auf ihnen vorhandene Gletscherschliffe ausgelöscht wurden. Sich kreuzende Schrammen können nicht als Spuren zeitlich verschiedener, verschiedene Bewegungsrichtungen verfolgender Inlandeismassen angesehen werden, sondern die jüngeren Schrammensysteme verrathen höchstens eine am Schluss der Vereisung, kurz vor der Abschmelzung eingetretene Richtungsänderung, die nur so kurze Zeit währte, dass eine Vernichtung des älteren Schrammensystems nicht mehr stattfinden konnte.

Bekannt ist, dass nicht selten eine ganz auffallende Verschiedenheit in der Richtung der Gletscherschrammen und der aus der Verbreitung der Geschiebe folgenden Transportrichtung beobachtet wurde. Schon angesichts dieser Thatsache werden wir die Gletscherschrammen für sich allein nicht als Zeugen der Hauptbewegung des Inlandeises ansehen dürfen.

Was in Skandinavien und den aus der Diluvialbedeckung Norddeutschlands hervorragenden Felsen an Gletscherschliffen beobachtet wurde, verräth uns, falls die Bewegungsrichtungen des Eises wechselnde waren, also vielleicht nur die allerletzten Bewegungsrichtungen. [1]) Aber auch dies ist nicht sicher, denn der Fall ist sehr wohl denkbar, dass ältere Moränen den anstehenden Felsen vor späteren Angriffen des schuttbewehrten Inlandeises stellenweise — namentlich an den Leeseiten — schützten. Denn nach Penck und von Drygalski dürfen wir nicht annehmen, dass die Grundmoräne als Ganzes fortbewegt wurde, sondern diese Schiebung erfolgte nur in Blättern.

Dass bei der Gewinnung von Schlussfolgerungen aus der Vertheilung der Geschiebe grosse Vorsicht beobachtet werden muss, hat J. Martin überzeugend dargethan. Es wäre sicher ein grosser Fehler, die Verbindungslinie zwischen dem Fundort eines Geschiebes und seinem Anstehenden für die Transportrichtung zu halten.

Man bewegt sich nach Allem auf sehr unsicherem Boden, wenn man eine Feststellung der Bewegungsrichtungen versucht. Und doch erscheint eine Zusammenstellung der bisherigen Ergebnisse der Geschiebeforschung, ihre Zusammenfassung zu einem einheitlichen Bilde wünschenswerth, um einen Ausgangspunkt für die weitere Forschung zu gewinnen und von hier aus die bisher gewonnenen Ansichten entweder zu bestätigen oder zu berichtigen.

Auf der anliegenden Karte [2]) ist versucht worden, die Streuungskegel für einige leichter kenntliche und bisher sicher bestimmte

---

[1]) Dasselbe betont ausdrücklich A. G. Högbom: (Geologisk beskrifning öfver Jemtlands län. Sv. geol. undersökning. Ser. C No 140. Stockholm 1894. Pag. 74).

Ebenso sagt de Geer: (Om isdelarens läge under Skandinaviens begge nedisningar. Sver. geol. undersökning. Ser. C. No. 101. Stockholm 1888. Pag. 10): Es ist mehr als wahrscheinlich, dass die allermeisten bis jetzt vorliegenden Beobachtungen über Schrammen und Geschiebe in unseren Gebirgsgegenden sich auf Bildungen aus dem Schluss der Eiszeit beziehen.

[2]) Tafel III.

Geschiebe einzutragen. Es kann keinem Zweifel unterliegen, dass sie auf absolute Richtigkeit keinen Anspruch erheben können. Ich kann von dieser Karte nichts Anderes sagen, als was C. Gottsche von seiner Karte über die Verbreitung der Sedimentärgeschiebe [1]) sagt: »Es ist eine Skizze, an der nicht weniger, als Alles bis zu einem gewissen Grade in Frage gestellt werden kann.«

Um genaue Angaben machen zu können, bedarf es noch weiterer Untersuchungen. So viel dürfte aber als sicher angesehen werden können, dass innerhalb der gezeichneten Grenzlinien, soweit sie im norddeutschen Flachland liegen, Geschiebe der betreffenden Gesteinsarten vorkommen. Die grösste Unsicherheit besteht noch hinsichtlich der Verbreitung der Geschiebe auf dem schwedischen Festlande, wo z. B. Angaben darüber, ob Rödön- oder Ålandsgesteine im Innern des Landes vorkommen, noch fehlen.

Zu den einzelnen Streuungskegeln ist zu bemerken:

Für Christianiageschiebe kann sowohl die Ost-, als auch die Nordwestgrenze als gut begründet angesehen werden. Die Rhombenporphyre sind so auffallende Geschiebe, dass man sie schwerlich irgendwo übersehen haben wird.

Für die Ålands- und Rödöngeschiebe sind zwei westliche resp. nordwestliche Grenzlinien eingetragen. In Vendsyssel sind die Ålandgesteine so selten, dass wir uns hier jedenfalls in einem Grenzgebiet befinden. Ob nun die der Ostseeküste parallel verlaufenden Grenzlinien die richtigen sind, wie es nach den bisherigen Untersuchungen der Fall zu sein scheint, oder ob die direkten Linien, die von Rödön und Åland annähernd südwestlich verlaufen, die richtigeren sind, müssen spätere Untersuchungen, namentlich in dem mittleren und südlichen Schweden ergeben. Vielleicht oder wahrscheinlich liegt die wahre Verbreitungsgrenze zwischen beiden.

Ich habe die Beschreibungen zu den Kartenblättern des mittleren Schwedens (No. 1--15 der Serie A b, No. 34 der Serie A c, No. 1—15 und 34—40 der Serie A a) auf die Geschiebebeobachtungen hin durchgesehen und in vielen keine Angaben über die Herkunft der losen Blöcke gefunden. In der Mehrzahl ist angegeben, dass die Hauptmenge der Geschiebe in der Nähe des Fundortes ansteht. Ueber das Vorkommen von Rödön- und Ålandsgesteinen auf dem schwedischen Festlande schweigen die oben aufgezählten Beschreibungen, so dass nur die Angaben bei Hj. Lundbohm und G. de Geer, die bereits

[1]) C. Gottsche. Die Sedimentärgeschiebe der Provinz Schleswig-Holstein. Yokohama 1883. Pag. 63.

oben gegeben wurden, nach denen diese Gesteine an der Ostseeküste Schwedens und in Schonen vorkommen, vorhanden zu sein scheinen.

Es ist klar, dass damit das absolute Fehlen dieser baltischen Gesteine im Innern Schwedens noch nicht bewiesen ist. G. de Geer bezeichnet einmal die Geschiebeuntersuchungen Schwedens als noch sehr unvollständige, dann aber ist auch nicht unwahrscheinlich, dass die älteren Glacialablagerungen an den meisten Stellen von jüngeren fortgeschoben wurden — man vergleiche, um sich davon zu überzeugen, die Mächtigkeit der norddeutschen Diluvialmergel mit den schwedischen und norwegischen Glacialablagerungen. — Es wird auch sehr schwer sein unter stark vorherrschendem einheimischem Material das vereinzelte fremde herauszufinden. —

Die Ostgrenze der Ålandsgeschiebe ist sicherlich zu eng; sie sind in Preussen zu häufig, als dass dort ein Grenzgebiet sein könnte, es fehlen aber noch Untersuchungen aus dem Osten, um die Grenze festlegen zu können. Auch die Ostgrenze der Rödöngesteine beruht noch auf zu vereinzelten Funden, um sie als sicher ansehen zu können.

Die Westgrenze des Cancrinitaegirinsyenits von Särna wird vermuthlich ausserhalb der gezeichneten Linie liegen, da Dalarneporphyre mehrfach in Holland, vereinzelt in England, bei Cromer, gefunden wurden. Die Ostgrenze ist nach dem Einzelfunde im Samlande eingetragen. Da die Elfdalporphyre in Preussen und Pommern nicht mit Sicherheit nachgewiesen wurden, und nur die Bredvadporphyre, die auch ausserhalb Dalarnes, vielleicht wesentlich weiter nördlich anstehen, in diesen beiden Ländern in grösserer Zahl nachgewiesen sind, ist es wahrscheinlich, dass die Richtung Särna - Samland keine Hauptbewegungsrichtung ist, sondern dass die Cancrinitaegirinsyenite Preussens mit einem Dalelfgletscher in die Gegend der Ålandsinseln gelangten und von dort nach Preussen.

Die Dalarneporphyre sind einmal in England, bei Cromer, nachgewiesen. In Holland kommen sie häufiger vor, also liegt eine Grenze ihres Vorkommens in ungefähr Nordost-südwestlicher Richtung. Da die Elfdalporphyre in Preussen und Pommern nicht mit Sicherheit wiedergefunden wurden, obgleich die Quarzporphyre dieser Provinzen eingehend untersucht wurden, in Dänemark und Schleswig-Holstein aber reichlich vorkommen, ist eine annähernd nord-südliche Ostgrenze auch für diese Geschiebe wahrscheinlich.

Die Smålandgesteine sind in Preussen durch ganz vereinzelte Funde nachgewiesen, in Pommern regelmässig vorhanden, also liegt auch ihre Ostgrenze in annähernd nord-südlicher, vielleicht etwas nach Osten abweichender Richtung. — Auf den dänischen Inseln kommen sie regelmässig vor, auf Anholt und Laesö fehlen sie, in Vendsyssel sind sie selten. Wir werden der Wahrheit ziemlich nahe kommen, wenn wir auch für die Smålandgesteine eine nordost-südwestliche Richtung als die eine Grenze der Hauptverbreitung annehmen und die einzelnen Funde ausserhalb derselben, später zu besprechenden lokalen Einflüssen zuschreiben.

Die Basalte Schonens haben eine ziemlich genau bestimmte Ostgrenze, die annähernd nordsüdlich verläuft. Zwischen dieser und der Südwestrichtung — von Schonen aus gerechnet — liegt das Hauptverbreitungsgebiet der Basalte. Auch nach Westen und Nordwesten sind Basalte gelangt, doch handelt es sich hier wiederum um mehr vereinzelte Funde. Von den dänischen Inseln werden Basalte nur vereinzelt erwähnt, unter den in Vendsyssel vorkommenden Geschieben werden Basalte nicht genannt.

Es braucht wohl kaum besonders betont zu werden, dass die Grenzlinien in Wahrheit nicht geradlinig sind. Z. B. die östliche Basaltgrenze macht in Wirklichkeit einen Bogen der Rügen ausschliest, ähnlich scheint es mit der Ostgrenze der Christianiageschiebe zu stehen. Die direkte Verlängerung der Verbindungslinie zwischen Christiania und den östlichsten Funden norwegischer Geschiebe auf Seeland würde Rügen treffen, welche Insel bekanntlich kein norwegisches Material erhalten hat. Erklärlich wird dieser Bogen durch die Annahme eines am Schluss der Vereisung die Ostseerinne (im weiteren Sinne) theilweise ausräumenden baltischen Gletschers.

Man kann die Einzelheiten der Geschiebevertheilung zu folgendem Gesammtbilde vereinigen: Von lokalen Bewegungsrichtungen abgesehen, liegen für die im westlichen Skandinavien, etwa vom 17. Meridian gerechnet, vorkommenden Gesteine die Hauptbewegungsrichtungen zwischen Nordost-Südwest und Nord-Süd, für die östlicher gelegenen liegen die Richtungen zwischen annähernd Nordost-Südwest und mehr oder weniger nach Osten von der Nord-Südrichtung abweichenden Richtungen. [1])

Die Transportrichtungen sind hier aus der Verbreitung der Massengesteine Skandinaviens im norddeutschen Diluvium abgeleitet.

[1]) Die Grenzen der Bornholmgeschiebe sind nicht eingetragen, weil die Untersuchungen über Bornholmgranite aus Schleswig-Holstein noch fehlen. Ich habe bisher nur ein Granitgeschiebe, aus Hamburg, angetroffen, das wahrscheinlich dem Hauptgranit Bornholms entstammt. In Schleswig-Holstein sind jedenfalls Bornholmgranite nicht allzuselten zu erwarten, da von Bornholm oder den benachbarten Theilen des Ostseebeckens stammende sedimentäre Geschiebe in der Provinz vorkommen. (Vergl. hierzu: C. Gottsche, die

Wenn auch, nach den von E. Cohen und W. Deecke gegebenen Ausführungen, auf die schon früher hingewiesen wurde, die Massengesteine vor den sedimentären für unsere Zwecke Vorzüge besitzen, so darf doch bei einer Darstellung der Bewegungsrichtungen die Verbreitung der letzteren nicht unbeachtet bleiben.

Für das von uns speziell bearbeitete Gebiet haben namentlich C. Gottsche und E. Stolley die sedimentären Geschiebe untersucht. Was schon J. Martin für Oldenburg, E. Cohen und W. Deecke für Pommern, Schröder van der Kolk für Holland fanden, wird hier bestätigt. Die sedimentären Geschiebe auch Schleswig-Holsteins weisen auf keine anderen Transportrichtungen hin, als die Geschiebe krystalliner Gesteine. Die von C. Gottsche seiner Arbeit über die sedimentären Geschiebe Schleswig-Holsteins beigegebene Karte zeigt dieselben Richtungen, die wir gefunden haben, — die Heimathsgebiete der Sedimentärgeschiebe Schleswig-Holsteins liegen auf einem Bogen, der sich von Norden nach Nordosten erstreckt. Einige darüber hinaus liegende muthmassliche Heimathsgebiete sedimentärer Gesteine sind bereits von E. Cohen und W. Deecke als unsicher nachgewiesen. Für den oberen Jura kann mit grosser Wahrscheinlichkeit anstatt in Kurland die Heimath in der Umgegend von Rügen gesucht werden, vielleicht bis Bornholm hinauf — für verschiedene untersilurische Kalksteine und Wesenberger Kalke kann der bottnische Busen nördlich der Ålandinseln die Heimath sein. Es bleibt noch das Vorkommen der seltneren Dolomite mit Pentamerus borealis zu erklären. Nehmen

Sedimentärgeschiebe der Provinz Schleswig-Holstein. Yokohama 1883; E. Cohen und W. Deecke, Ueber Geschiebe aus Neuvorpommern und Rügen 1891; E. Stolley, Einige neue Sedimentärgeschiebe aus Schleswig-Holstein und den benachbarten Gebieten. Schriften des naturw. Vereins für Schlw.-Holst. XI. Kiel 1897; E. Stolley. Ueber triassische Diluvialgeschiebe in Schlw.-Holst. und den benachbarten Gebieten. Ibid. Sitzungsberichte, XI. Kiel 1897.) An einem ostwestlichen Transport von Bornholm her ist demnach nicht zu zweifeln. Indessen scheint dies, wie weiter unten gezeigt werden soll, nur eine lokale Richtung, keine Hauptrichtung zu sein. Zu bemerken ist, dass, wenn eine Nordost-Südwestlinie von Bornholm gezogen wird — eine Linie die für andere Geschiebe die nordwestlichste Grenze bildet — Oldenburg und Holland nicht getroffen würde. So kann die Thatsache erklärt werden, dass, wie J. Martin angiebt, Bornholmgranite in Oldenburg zu fehlen scheinen. Die von Schröder van der Kolk gegebenen Bestimmungen werden von Cohen und Deecke beanstandet. Bekanntlich lässt J. Martin den baltischen Strom um Bornholm nördlich herumgehen, um das Fehlen der Bornholmgeschiebe in Oldenburg zu erklären. Nehmen wir aber an, dass die Nordost-Südwestrichtung, wie es zu sein scheint, eine äusserste Grenze der Hauptbewegungsrichtungen ist, so würde auch damit eine Erklärung für die Verbreitung der Bornholmgeschiebe gegeben sein.

wir eine nur wenig weiter nach Nordwest sich erstreckende Ausdehnung des Anstehenden an, als sie auf dem Festlande und den Inseln bekannt ist, so fällt die Transportrichtung mit der durch die finnischen Rapakiwis sicher gestellten zusammen.

Wenden wir uns nunmehr der Beantwortung der Frage zu, welche Umstände die beobachteten Transportrichtungen bedingten, namentlich auch, welche Verhältnisse es erklären, dass das Inlandeis, nachdem es auf dem skandinavischen Festlande dem natürlichen Gefälle des Landes folgte, von der Mitte des Ostseebeckens nach Westen, Süden und Südosten dem Gefälle des Bodens entgegenströmte, so werden die Ergebnisse der Untersuchungen E. von Drygalski's am grönländischen Inlandeise uns das Material zur Beantwortung dieser Fragen liefern müssen. Ich bin mir dessen vollkommen bewusst, dass die Beantwortung dieser Fragen zur Zeit noch nicht mit Sicherheit gegeben werden kann, und wollen die folgenden Darstellungen nicht mehr als ein Versuch sein.

Die für unsere Betrachtung wichtigsten Stellen lauten bei von Drygalski: [1])

»Die Hauptmasse des Eises strömt parallel zu dem Lande nach dem Fjord hin, [2]) und daneben erfolgt eine Bewegung senkrecht dazu, welche man mit dem hydrostatischen Ausgleich innerhalb eines Sees vergleichen muss. Sie ist von den dickeren gegen die dünneren Eisgebiete gerichtet, also von der Mitte des Eisstromes gegen das Land hin und hängt eng mit der Veränderung in der Vertikalen zusammen. In dieser Bewegung finden die Schiebungen des diluvialen Inlandeises ihre Erklärung. Ich will sie deshalb allgemein als Bewegung des Inlandeises bezeichnen, während ich die von den Landformen abhängige und parallel zu ihr gerichtete Bewegung Gletscherbewegung nenne, weil sie der Bewegung der in Thalformen liegenden Alpengletscher entspricht.«

---

[1]) E. von Drygalski. Die Eisbewegung, ihre physikalischen Ursachen und ihre geographischen Wirkungen. Petermanns Mittheilungen. XLIV. 1898. 3. Heft pag. 57 ff. Siehe ferner

— —. Grönlandexpedition der Gesellschaft für Erdkunde zu Berlin. 1891—93. Berlin 1897 pag. 503 ff.

[2]) Zum Verständniss dieser Stelle betrachte man die von Drygalski entworfene Karte des Grossen Karajakeisstroms, auf welchen sich die Bemerkung bezieht.

»Das Inlandeis strömt vom Osten (Grönlands) her ab, erfüllt diese Senke (nämlich die breite zwischen den Gebirgssystemen der beiden Küsten Grönlands gelegene Senke) und strömt streckenweise dann auch noch an den Gebirgen der Westküste aufwärts. Hierin gleicht es dem nordeuropäischen Inlandeise, welches in den skandinavischen Gebirgen entstand, die Mulde der Ostsee durchströmte und dann in Deutschland bis zu den Mittelgebirgen emporstieg. Freilich endet es in Grönland theilweise schon in der Tiefe der Mulde, nämlich dort, wo Meeresbuchten und Fjorde hineingreifen. Hier entstehen die grossen und heftig bewegten Inlandeisströme, welche in Nord-Europa wohl kaum ein Analogon hatten, da zu ihrer Entstehung ein tiefes Meer gehört.«

»Dies Strömen des Eises erfolgte stets in der Richtung der Entlastung. Diese Richtung fällt bei Eismassen, die auf dem Lande liegen, mit derjenigen zusammen, in welcher die Mächtigkeit abnimmt, wodurch das Schwellen des Inlandeises gegen das Land hin seine Erklärung findet.«

»Die Bewegung des Eises ist im Allgemeinen nicht auf eine Richtung beschränkt, sondern strebt nach allen Seiten einen Ausgleich an.«

»Bei gleichen Temperaturverhältnissen wird die Bewegung auf dem Lande von dem dickeren nach dem dünneren Eisgebiet hin gerichtet sein, auch wo letzteres ein höheres Niveau einnimmt, das dünnere kann dann aufwärts getrieben werden. — Der Einfluss der Neigung auf die Eisbewegung ist von diesem Gesichtspunkt aus zu betrachten.«

Es kann keinem Zweifel unterliegen, dass die Eiszeit mit einem Anschwellen des auf den höchsten Erhebungen Skandinaviens liegenden Eises begann. Im Anfange, als die Eismassen noch von geringer Mächtigkeit waren, mussten sie den Gesetzen der Gletscherbewegung folgen (im Sinne von Drygalski's), sie erfüllten die von den Höhen herabkommenden Thäler und flossen im Sinne der natürlichen Neigung des skandinavischen Festlandes in denselben Richtungen wie heute die Flüsse, im westlichen Theil Skandinaviens nach Süden, im östlichen Theil nach Südosten. Mit dem Fortschreiten der Vereisung vereinigten sich die Gletscher, die Ostsee füllte sich, und zwar mit Rücksicht auf ihre geringe Tiefe, relativ rasch. Nun, mit der Vereinigung der Gletscher zu einem Inlandeise, beginnt die Eisbewegung sich unabhängig vom Bodenrelief zu gestalten, die Gesetze der Inlandeisbewegung bestimmen die Stromrichtungen. Von den Gebieten grösster Eismächtigkeit fliesst das Eis nach den

Gebieten geringerer Mächtigkeit. Die grosse Ausdehnung des Abflussgebiets bei geringerer Ausdehnung des Hauptnährgebiets bedingte neben der Abnahme der Eismächtigkeit auch die Ausbreitung nach den Seiten, also radialen Verlauf der Bewegungsrichtungen. Solchen radialen Verlauf lassen verschiedene Geschiebearten erkennen, so die Christianiagesteine, die Schonenschen Basalte, die Dalarnegesteine. Sie erscheinen vom Anstehenden nach mehreren Richtungen radial verstreut.

Bei Betrachtung der grossen Züge der Geschiebeverbreitung lässt sich, auch wenn wir die im Westen selteneren norwegischen Geschiebe ausser Acht lassen, deutlich eine solche Verbreitung im Flachland erkennen, die der Verbreitung in Skandinavien entspricht. Die im westlichen Schweden anstehenden Dalarne- und Schonengesteine sind auf den westlichen Theil Norddeutschlands beschränkt, die finnischen Gesteine stellen sich in Preussen häufiger ein. Daneben aber treten überall Gesteine von den Ålandsinseln auf. Diese Thatsache zwingt zu der Annahme eines Wechsels in der Lage der Eisscheide oder des Hauptnährgebiets. Wäre die Lage desselben konstant gewesen, etwa annähernd mit dem schwedisch-norwegischen Hochgebirge zusammenfallend, so wäre kein Zusammenvorkommen z. B. von Christianiageschieben mit Ålandsgeschieben bei Hamburg denkbar, wir müssten, wenn auch unter Uebergreifen an den Grenzen, doch im Allgemeinen eine ziemlich reinliche Scheidung der Geschiebe des norddeutschen Flachlandes beobachten, Christianiagesteine in Holland und Nordwestdeutschland, in der Mitte solche Gesteine neben Dalarne- und Schonengesteinen, im Osten Småland- und Ålandsgesteine. Die thatsächlich hiervon abweichenden Verhältnisse machen die Annahme eines Hauptnährgebiets im Nordosten unabweisbar. Und zwar muss dieses letztere gegenüber dem weiter westlich gelegenen Nährgebiet das mächtigere gewesen sein, weil das von Nordosten zu uns (nach Schleswig-Holstein und Westdeutschland) gelangte Material das häufigere zu sein scheint gegenüber dem von Norden her kommenden. Wenn bereits früher, z. B. von Milthers gesagt wurde, dass die von Nordost kommenden Eisströme einen von Norden kommenden Eisstrom ablenkten, so ist diese Ansicht im wesentlichen dieselbe, die hier mit anderen Worten vorgetragen wurde.

Bereits bei de Geer [1]) und Högbom [2]) finden wir Angaben

[1]) G. de Geer. Om isdelarens läge under Skandinaviens begge nedisningar. Sver. geol. undersökning. Ser. C. No. 101. Stockholm 1889.

— — Om Skandinaviens geografiska utveckling efter Istiden. Stockholm 1896.

[2]) A. G. Högbom. Geol. beskrifning öfver Jemtlands län. Sveriges geol. undersökning. Ser. C. No. 140. Stockholm 1894.

über einen Wechsel der Lage der Eisscheide. De Geer schreibt jeder Vereisung eine besondere Lage des Hauptnährgebiets zu. Nach der Geschiebeverbreitung Norddeutschlands ist die Annahme einer bereits während der Hauptvereisung erfolgten Verschiebung naheliegend. Es braucht wohl kaum besonders bemerkt zu werden, dass diese Verschiebung nur in einer stärkeren Anhäufung eisbildenden Materials über den mehr östlich gelegenen Gebieten bestanden haben kann und wird.

Nun ist für die Richtung der Eisbewegung nicht allein die Lage des Nährgebiets, sondern auch die des Eisrandes, als das Gebiet geringsten Druckes massgebend. Die Lage der Grenze der Hauptvereisung kann als ziemlich genau festgestellt betrachtet werden. Die direkten Richtungen von dem wahrscheinlichen Hauptnährgebiet, etwa Jötunfjelde, Norrland, Lappmarken umfassend, nach der Eisgrenze zu, sind zugleich Geschiebetransportrichtungen.

Lagen des Eisrandes verrathen uns bekanntlich die Endmoränen. Leider sind bisher solche vorzugsweise nur aus der letzten Vereisung genauer bekannt geworden. Im Osten Deutschlands verlaufen die durch Endmoränen bezeichneten Stillstandslagen des Inlandeises [1]) annähernd parallel der Vereisungsgrenze. Im Westen dagegen, wo J. Martin einzelne Endmoränenzüge erkannte, [2]) scheint eine Diskordanz zu bestehen, insofern als die Stillstandslagen gegenüber der Grenze der Hauptvereisung die Tendenz gegen Norden hin abzuschwenken, zu besitzen scheinen. Doch ist es schwer, ein genaues Urtheil über die gegenseitigen Beziehungen der äussersten Eisgrenze und dieser Stillstandslagen zu gewinnen, weil erstere im holländischen Flachlande wegen der intensiven Ausbildung des gemischten Diluviums und der starken Entwickelung fluvioglacialer Ablagerungen schwer ganz genau feststellbar ist.

Trotz der Lückenhaftigkeit unserer Kenntniss der Stillstandslagen des Eisrandes lassen sich doch einige Betrachtungen an das sicher bekannt Gewordene anschliessen.

Im Osten, Pommern und Preussen, finden wir recht einheitliche Bewegungsrichtungen des Inlandeises durch die Geschiebetransporte angedeutet. Die bis jetzt bekannt gewordenen Stillstandslagen zeigen eine gegenüber dem Nährgebiet des Inlandeises konstante Richtung,

---

[1]) K. Keilhack. Die Stillstandslagen des letzten Inlandeises und die hydrographische Entwickelung des pommerschen Küstengebiets. Jahrbuch der kgl. preuss. geol. Landesanstalt für 1898. Berlin 1899.

[2]) J. Martin. Diluvialstudien II. Karte.

annähernd parallel der Grenze des Haupteises. Beide Thatsachengruppen sind sehr wohl vereinbar.

Im Westen finden wir, wenn wir die Stillstandslagen vergleichen, einen wesentlichen Unterschied. Zum Beispiel während der Hauptvereisung liegt Schleswig-Holstein so, dass die von den Hauptnährgebieten nach dem Eisrande gerichteten Linien über dasselbe hinweggehen, mögen wir vom mittleren Norwegen, mögen wir vom nordöstlichen Schweden ausgehen. In der letzten Vereisung dagegen, deren Grenze in Schleswig-Holstein zwar noch nicht genau festgelegt, doch annähernd in der Mitte der Halbinsel zu verlaufen scheint, deren Hauptstillstandslage ebenfalls von Norden nach Süden verläuft, konnte keine Eisbewegung vom Christianiagebiet, wie während der Hauptvereisung, über Schleswig-Holstein hin erfolgen, wenigstens nicht, wenn die von Drygalski gefundenen Gesetze der Eisbewegung auch für das diluviale Inlandeis gelten. Nach diesen kann eine ausgedehnte Bewegung parallel der Eisgrenze nicht stattfinden.

Der nordsüdliche Verlauf der Eisgrenze, resp. der Stillstandslage in Schleswig-Holstein erklärt auch den anscheinend nicht unbedeutenden, in anderen Gegenden nicht nachgewiesenen Transport in ost-westlicher Richtung. Solche Richtung verrathen uns ein Theil der Basalte, namentlich aber auch die aus der Gegend von Bornholm herstammenden sedimentären Geschiebe.

In Dänemark und dem südlichen Schonen ist bekanntlich eine von nahezu Südosten nach Nordwesten gerichtete Eisbewegung erkannt worden. Einige Geschiebe von Basalt verrathen diese Richtung, die auch durch häufige Gletscherschliffe angedeutet wird. Vielleicht sind auch die die baltische Senke herabkommenden Ålands- und Smålandsgesteine von der Südspitze Schwedens aus nach Nordwesten hin über die dänischen Inseln und weiter bewegt worden. Zweifellos spielt für diese mehr lokale Bewegungsrichtung des Inlandeises das Kattegat eine erhebliche Rolle.

Wo Eismassen an's Meer gelangen, werden sie, falls dasselbe nicht allzu seicht ist, zum Kalben kommen, und durch das Losbrechen des Eises wird ein Gebiet geringeren Druckes geschaffen, welches zum Nachströmen des Eises aus Nachbarregionen Anlass giebt. So konnte das Kattegat für die weniger mächtigen Eismassen der Anfangs- und Schlussperioden der Vereisungen lokale, von den Hauptrichtungen abweichende Stromrichtungen hervorrufen. Nach von Drygalski tritt die Auflösung zusammenhängender Eismassen in Grönland schon ein, wenn die Meerestiefen nur fünfmal so gross sind, wie die Mächtigkeit des Inlandeises über dem Wasserspiegel; wenn das Eis ganz homogen ist, kann der Zusammenhang nur erhalten bleiben in sofern als die Mächtigkeit der Masse die Tiefe des Meeres um ein Siebentel bis ein Achtel übertrifft. (Grönlandexpedition pag. 404.)

Dass die Südost-Nordweströmung keine sehr grosse Ausdehnung genommen hat, beweisen die Untersuchungen A. Jessen's [1]) über die Geologie Vendsyssels, dessen oberstes Diluvium von dem der dänischen Inseln ganz abweichend ist in sofern als eigentlicher Geschiebemergel dort zu fehlen scheint und auch baltische Blöcke nur ganz untergeordnet vorkommen.

Ich glaube die gesammten Beobachtungen an Geschieben so zusammenfassen zu können:

Die Eismassen der Diluvialzeit bewegten sich von den höchsten Erhebungen der skandinavischen Halbinsel, von der Linie Jötunfjelde—Lappmarken, radial nach der Eisgrenze und bewegten sich dabei über den westlichen und mittleren Theilen des Flachlandes in Richtungen zwischen Nordost—Südwest und Nord—Süd, in den östlichen Theilen des Flachlandes in mehr nach Osten von der Nordsüdrichtung abweichenden Richtungen. Die einzelnen Theile des Nährgebiets sind nicht stets von gleicher Bedeutung gewesen, sondern die östlicher gelegenen Theile haben vorherrschend die Eisbewegung beeinflusst. Während der letzten Vereisung scheint nur der östliche Theil des Nährgebiets die Norddeutschland erreichenden Ströme gespeist zu haben. Die von den genannten Bewegungsrichtungen abweichenden Stromrichtungen sind von geringerer Ausdehnung und verdanken ihre Existenz theils veränderten Lagen der Vereisungsgrenze, theils dem Einfluss des Meeres, das Eismassen zum Kalben brachte und daher die Stromrichtungen abänderte.

Mit der von J. Martin gegebenen Zusammenfassung stimme ich darin überein, dass eine von Nordosten her gerichtete Eisbewegung, ein »baltischer Strom«, eine besonders hervortretende Bedeutung gehabt hat, der Geschiebebefund Schleswig-Holsteins und Dänemarks

[1]) A. Jessen. Beskrivelse til geol. Kort over Danmark. Kortbladene Skagen, Hirshals, Frederikshavn, Hjörring og Lökken. Danmarks geol. Undersögelse. I Raekke No. 3. Kjöbnhavn 1899.

zwingt aber dazu, auch eine von Norden nach Süden über diese Länder sich bewegende Strömung des Inlandeises anzunehmen und lässt die Existenz einer von Dalarne nach SSO gerichteten Stromrichtung als sehr wahrscheinlich erscheinen.

Die Bewegungsrichtungen des Inlandeises der Diluvialzeit, soweit sie sich aus der Verbreitung der Geschiebe erschliessen lassen, folgen ganz ungezwungen dem von Drygalski aufgestellten Gesetz der Inlandeisbewegung.

Immerhin kann nicht geleugnet werden, dass die vorstehenden Betrachtungen auf ein nicht völlig zureichendes Material gestützt sind. Es sind manche Gegenden, die besondere Aufschlüsse über die Einzelheiten der Eisbewegung geben dürften, noch nicht ausreichend in Bezug auf ihre Geschiebe untersucht worden.

So ist z. B. der endgültige Beweis für die Unabhängigkeit der Eisbewegung von den Formen der Oberfläche des Landes erst dann einwandsfrei geführt, wenn es gelingt, im Innern Schwedens Rödön- und Ålandsgesteine nachzuweisen. Man möchte vermuthen, dass die Grenze der Verbreitung dieser Geschiebe zwischen den beiden auf dem Kärtchen eingetragenen Grenzen liegt, da die Eismassen Dalarnes mit ihrem Gegendruck eine Bewegung im Sinne der äussersten der eingetragenen Grenzen verhindert haben dürften. Schwierig wird die Untersuchung sein, da die am Schluss der Vereisung wahrscheinlich bestehenden, den Landformen sich anschmiegenden Gletscher vermuthlich Vieles von dem entfernt haben, was die älteren Eismassen ablagerten. Berichten doch die schwedischen Geologen, soweit sie in den Beschreibungen zu den Kartenblättern der Landesaufnahme überhaupt auf Geschiebe eingehen, meistens, dass die Mehrzahl derselben nahe benachbarten Gebieten entstammt. Ein intensiveres Studium der Geschiebe des inneren Schwedens ist also zu wünschen und verspricht wichtige Ergebnisse.

Wünschenswerth sind ferner Untersuchungen über die Geschiebe solcher Gebiete des norddeutschen Flachlandes, die südlich von den bisher besonders untersuchten, die Nord- und Ostsee umrahmenden Gebieten liegen.

Wünschenswerth sind schliesslich Fortsetzungen der Geschiebeuntersuchungen auch in Schleswig-Holstein. Wenn auch ein so zu sagen zusammenhängender Gürtel von Heimathsgebieten, der sich vom Christianiagebiet bis zum westlichen Finland erstreckt, nachgewiesen wurde, so sind doch die erforschten Gebiete noch sehr ungleich behandelt. Während z. B. die Rapakiwis und die Rhombenporphyre, auch die Basalte aus fast allen Gegenden der Provinz bekannt geworden sind, sind andere Geschiebe nur von vereinzelten Orten nachgewiesen.

Als besonders wichtige Aufgabe ist ferner die Fortsetzung der Untersuchungen über die vertikale Verbreitung der norwegischen Gesteine zu bezeichnen. Wenn auch eine sehr grosse Wahrscheinlichkeit dafür vorliegt, dass sie der letzten Vereisung fehlen, so ist doch eine direkte Bestätigung zu wünschen.

Die Verbreitung
der Geschiebe aus dem Kristianiagebiet
im Norddeutschen Diluvium
von Dr. Johannes Petersen.
Maßstab 1:4.000.000
Mjösen
Langesundfjord
Strömstad
Bohus-
län
Lysekil
Skagen
Hirshals
Lönstrupklint
Hjörring
Strandby
Frederikshavn
Vend-
syssel
Lökken
Laesö
Aalborg
Thisted
Mors
Skyum
Anholt
Viborg
Grenaa
Aarhus
Helgenäs
Helsingör

Hamburg, L. Friederichsen & Co 1900.

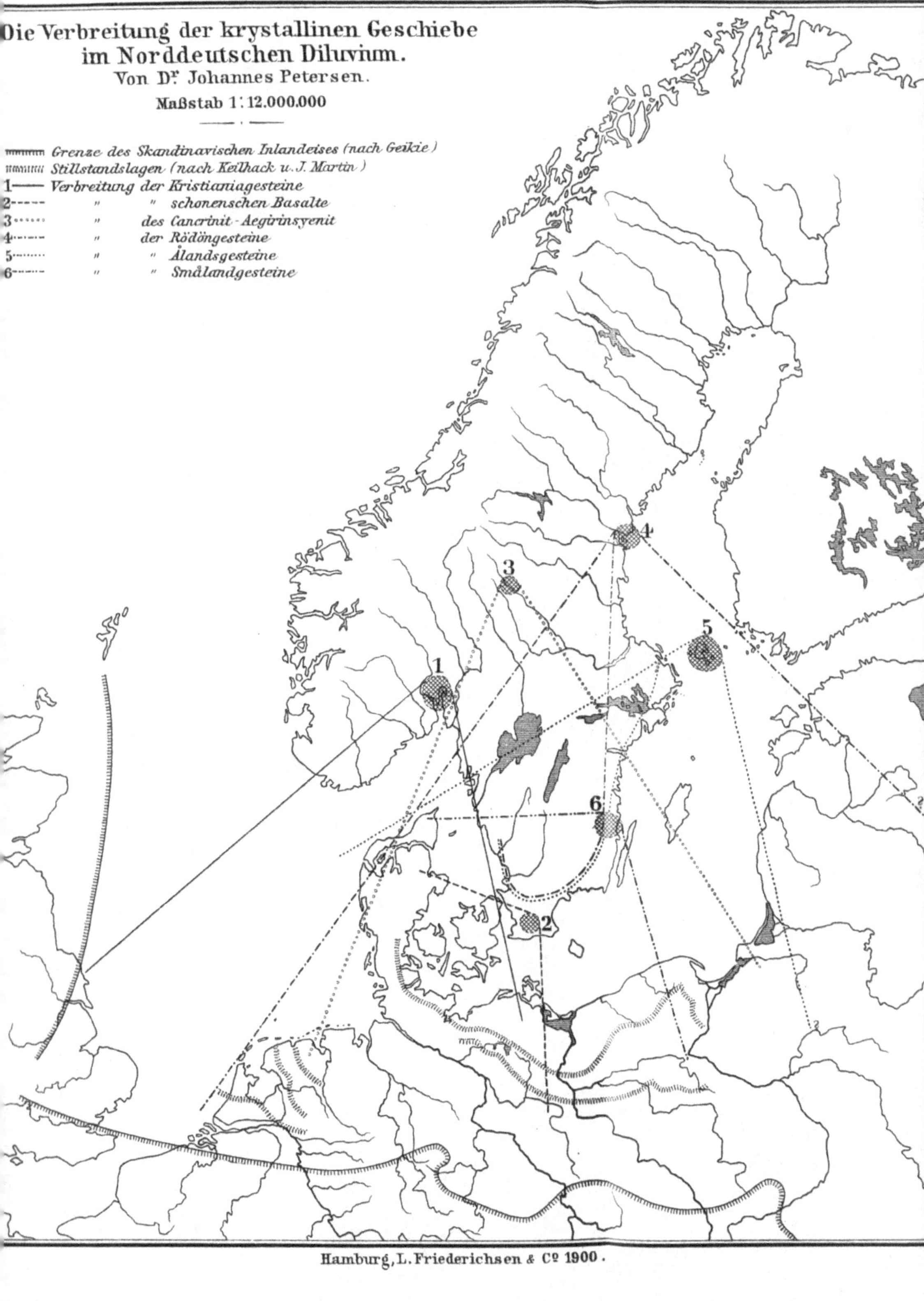

Hamburg, L. Friederichsen & Co 1900.

MIX
Papier | Fördert gute Waldnutzung
FSC® C083411

Zeitfracht Medien GmbH
Ferdinand-Jühlke-Straße 7
99095 Erfurt, Deutschland
produktsicherheit@kolibri360.de